西南典型民居物理性能提升图集

②哈尼族等生土建造体系民居物理性能提升

谭良斌　主编

中国建筑工业出版社

图书在版编目（CIP）数据

西南典型民居物理性能提升图集. 2，哈尼族等生土建造体系民居物理性能提升 / 谭良斌主编. —北京：中国建筑工业出版社，2023.3
ISBN 978-7-112-28489-4

Ⅰ. ①西… Ⅱ. ①谭… Ⅲ. ①哈尼族–民居–物理性能–西南地区–图集 Ⅳ. ①TU241.5-64

中国国家版本馆CIP数据核字（2023）第048104号

参与编写人员

本 书 主 编：周政旭　朱　宁　谭良斌　丁　勇

分 册 主 编：谭良斌

分册编写组成员：张浩然　周　洁　张乐瑶　王太鑫　陈　通　张黔渝　浮英媛

前言

我国幅员辽阔、地域多样、文化多元一体。西南地区是传统村落分布最为集中、地方和民族特色最为突出的地区之一。在漫长的历史进程中，植根于文化传统与地方环境，形成了风格各异、极具特色的村寨和民居，适应于不同的气候、地形、自然环境以及生计模式。但同时，西南村寨民居也存在应灾韧性不足、人居环境品质不高、特色风貌破坏严重、居住性能亟待改善等问题。为提升西南民居品质，本书以空间功能优化和物理性能提升为重点，从宜居性、安全性、低成本、集成化的角度构建西南典型民居改善技术体系。

在国家“十三五”重点研发计划“绿色宜居村镇技术创新”专项“西南民族村寨防灾技术综合示范”项目所属的“村寨适应性空间优化与民居性能提升技术研发及应用示范”课题（编号：2020YFD1100705）的支持下，清华大学、重庆大学、昆明理工大学联合西南多家科研院所、规划设计单位，开展典型民居物理性能提升技术研发示范工作，并在西南地区的数十个村寨开展示范。从技术研发与应用示范工作中总结凝练，最终形成中国城市科学研究会标准《西南典型民居物理性能提升技术指南》T/CSUS 51—2023。配合指南使用，课题组编写了本书。

本书适用于以布依族为例的砖石建造体系、以哈尼族和藏族为例的生土建造体系、以苗族为例的竹木建造体系典型民居的改建与提升。本书共分四册，每册针对一类典型民居，内容包括民居布局、空间形态、能源体系、功能优化、围护界面、材料使用等角度的宜居性能改善技术体系。

本书由清华大学、重庆大学、昆明理工大学团队合作编写。在理论研究、技术研发与指南图集审查过程中，得到了中国科学院、中国工程院院士吴良镛教授，中国工程院院士刘加平教授，中国工程院院士庄惟敏教授，中国城市规划学会何兴华副理事长，清华大学张悦教授、吴唯佳教授、林波荣教授，四川大学熊峰教授，云南大学徐坚教授，西南民族大学麦贤敏教授，西藏大学索朗白姆教授，中煤科工重庆设计研究院唐小燕教授级高工，重庆市设计院周强教授级高工，安顺市规划设计院陈永卫教授级高工的悉心指导、中肯意见和大力支持。在技术研发与示范过程中，得到四川大学、中国建筑西南设计研究院有限公司、四川省城乡建设研究院、云南省设计院集团有限公司、昆明理工大学设计研究院有限公司、安顺市建筑设计院、贵州省城乡规划设计研究院、重庆赛迪益农数据科技有限公司、重庆涵晖木业有限公司、加拿大木业、重庆群创环保工程有限公司等单位的共同参与。此外，过程中得到了西南多地政府部门、示范地村集体与村民的支持和帮助，在此不能一一尽述。谨致谢忱！

目录
CONTENTS

第 1 章　民居选址布局　1

1.1　顺应自然基地　1

1.2　适应气候条件　1

1.3　优化竖向空间　2

第 2 章　空间形态生成　3

2.1　融入周边环境　3

2.2　尊重本土文化　4

2.3　完善功能空间　5

2.4　控制建造成本　6

第 3 章　空间功能优化　8

3.1　建筑功能　8

3.2　保留本地特色　11

3.3　优化空间序列　12

3.4　提升室内空间物理环境　12

3.5　提升室内环境　13

第 4 章　围护界面提升　14

4.1　优化围护墙体　14

4.2　改造屋面构造　17

4.3　提升门窗系统　23

第 5 章 本土材料应用 35

5.1 材料循环再生 35

5.2 建材就地取用 36

第 6 章 综合节能体系 37

6.1 高效能源综合利用 37

6.2 被动式通风与空气质量改善 38

6.3 保温隔热防潮一体化增强 39

6.4 室内炊事采暖设施优化建造 40

6.5 生活污水、厨余垃圾绿色处理 40

第 1 章　民居选址布局

1.1　顺应自然基地

哈尼族传统村落顺应地形布置建筑，高差坡度不宜过大，适应坡地的地形地貌特征，建筑内部空间的高差可以因为地形存在一定的变化，建筑的晒台可以和较高地形的部分相结合，拓展建筑的空间感。

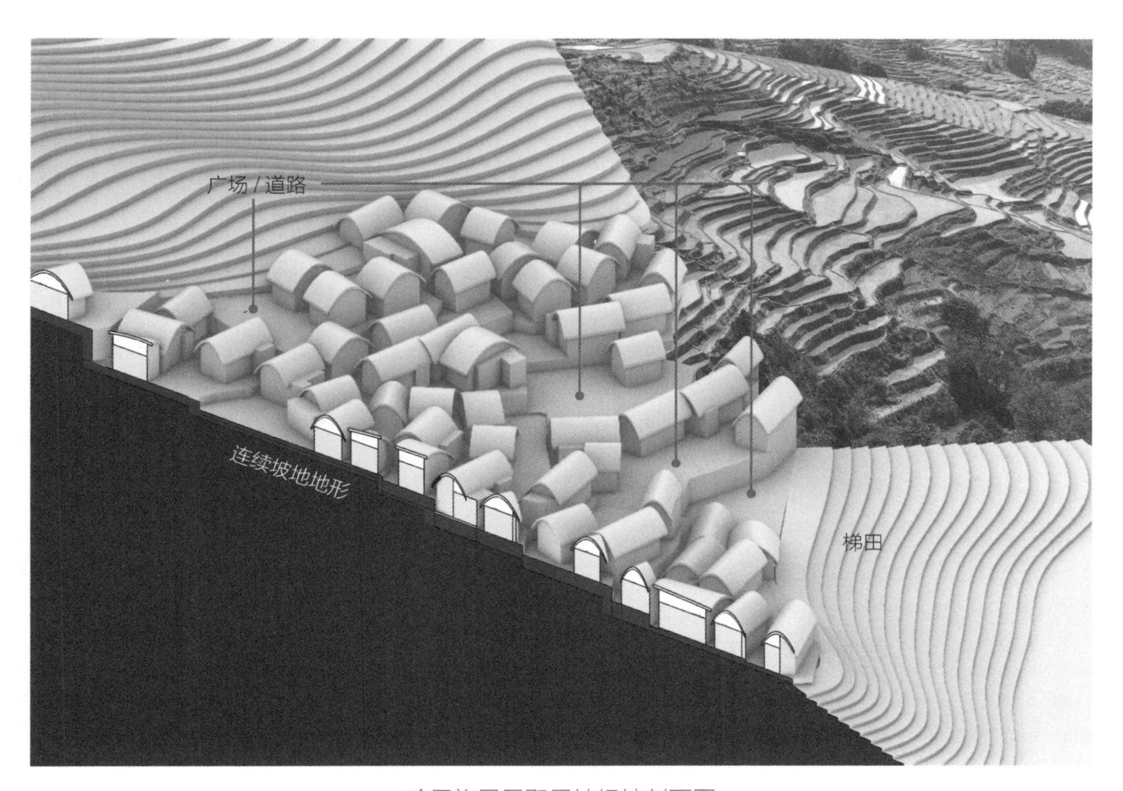

哈尼族民居聚居地场地剖面图

1.2　适应气候条件

民居的选址布局要充分适应当地的气候条件。在夏季，建筑组团和内部空间需要良好的自然通风，而在冬季，建筑白天需要通风，夜晚则不需要。

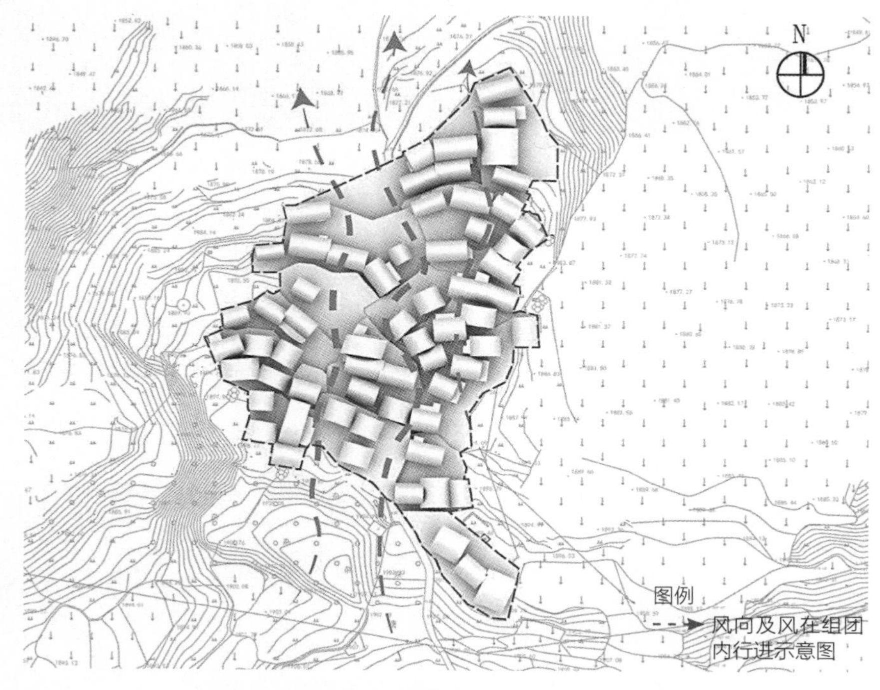

哈尼族传统村落风环境示意图——以阿者科村为例

1.3 优化竖向空间

场地内存在较多的高差，这些高差形成了丰富的竖向空间。目前，这些空间除去用于交通系统外，其余则是废弃的。在改造中，应将这部分空间利用起来，一方面可以丰富和优化交通系统，另一方面可以将其他功能置入，例如因高差形成的阴影区，在本气候区下对于儿童来说是一个很好的游戏空间。竖向空间序列可由之前的宅前屋后空间 → 断崖 → 宅前屋后空间优化为休息平台/观景平台 → 楼梯/滑梯 → 休息平台/观景平台。

优化示意图 1：

利用高差形成儿童滑梯等游戏空间

优化示意图 2：

较大高差处的交通设施连接休息 / 观景平台

第 2 章　空间形态生成

2.1　融入周边环境

从建筑形体来看：在重峦叠嶂的谷地，由于地处坡地，蘑菇房大多采用方形房屋平面，这种平面形式占地较小，十分容易与山地紧密结合，它们坐落在山坡台地之上，顺应地形和朝向而变化着方向，对于用地有限的山地环境而言具有较强的适应性。

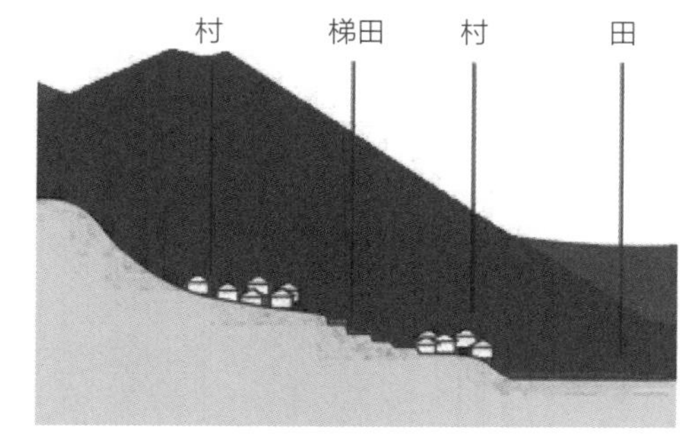

村落场地大剖面示意图

从建筑外观来看：蘑菇房大多由晾晒台与茅草顶组成，也有整体只用茅草顶覆盖的；有通过平台进入建筑的，也有通过阁楼再进入平台的。整座建筑因地就势形成了各具特点的民居，根据不同的用地条件融入周边的环境中。

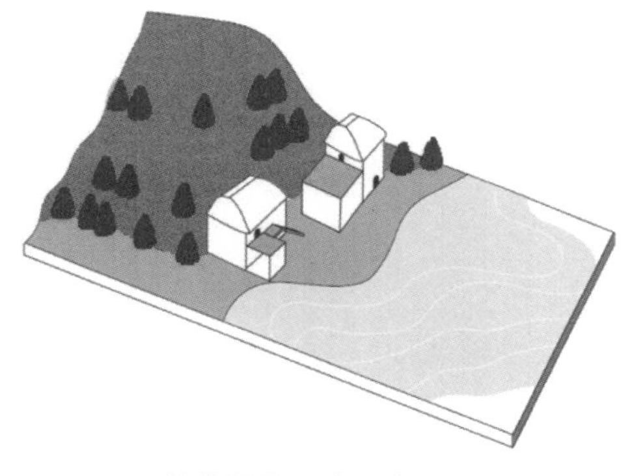

传统民居形式示意图

从建筑平面布置来看：蘑菇房的正房、耳房常常可设置在不同标高的地形上，而方形紧凑的平面布局形式可以顺应山地地势与之镶嵌在一起，随着山地的起伏变化形成错落多样的民居形式。

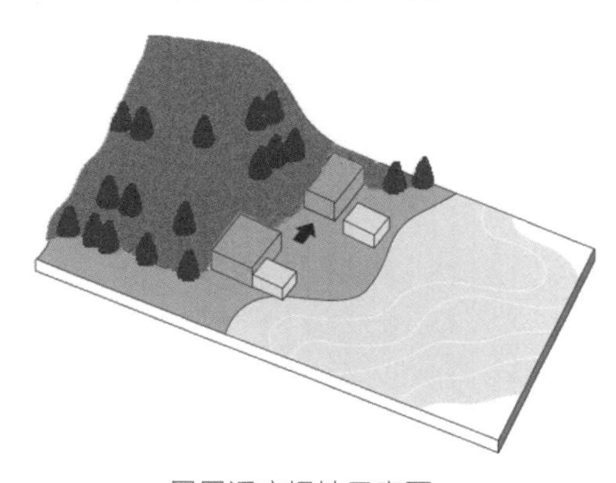

民居适应场地示意图

2.2 尊重本土文化

火塘：直到现在，火塘在村落民居中仍未被废除，因为火塘作为家庭活动的中心，是家庭精神的寄托。传说中，火塘是诸神灵的集聚之地，是人们与神灵相互沟通的地方。火塘也是家庭的象征，是居家信仰和习俗缩影，所以仍沿袭至今。

晒台：因为山地陡坡随处可见，平地极其有限，再加上要留出村庄周围更多的土地用来耕种农田，哈尼族人设置了晒台作为平日休息、游玩以及晾晒食物的空间，这也是当地人民的又一日常活动空间。

蘑菇房屋顶：蘑菇房屋顶的形式常常为四坡顶，茅草为主要使用材料，厚度大致在300～500mm。其茅草与茅草、茅草与屋顶框架的搭接方式有独特的规律性，现在仍在使用。

2.3 完善功能空间

2.3.1 传统民居功能空间布局

传统的哈尼族民居，因为气候较为潮湿，底层作为辅助空间一般不住人，而用作储存杂物和圈养牲口、家禽，四周则用土墙或者石墙砌筑。

二层是生活活动和餐饮的大空间。整个空间的功能比较单一，仅在左上角用木板隔开作为卧室，右上角砌土灶做饭，火塘设于屋中作为家庭活动的中心，是家族精神的象征。

屋顶层用来储存粮食和堆放杂物，可将晒好的粮食储存在高处，避免被盗或者受潮。

每户蘑菇房的晒台，则作为当地人晾晒谷物、休憩和做家务的地方。

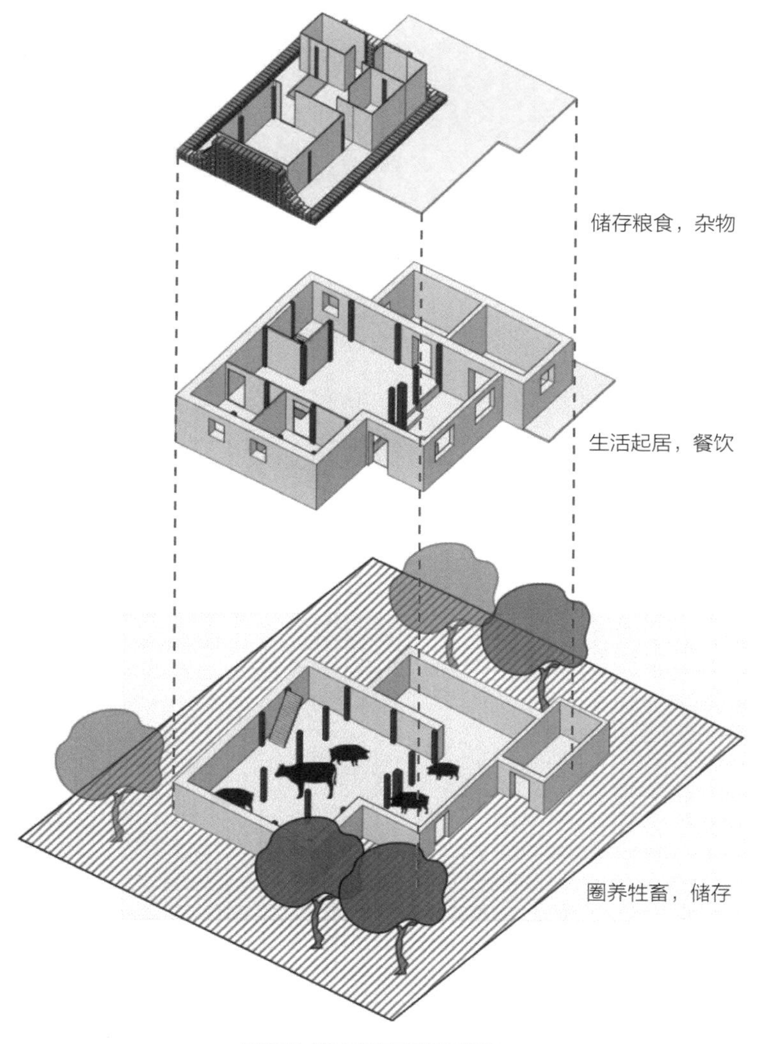

民居功能空间布局示意图

2.3.2 建筑功能空间调整策略

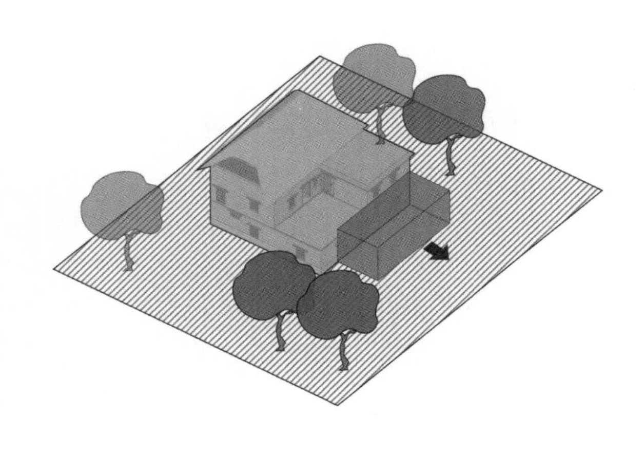

添加：添加是指在原有空间基础上增添新的空间。原有传统民居的功能随着时代的演进，已经无法满足现代人们生活的需要，必须重新考虑民居的功能空间，对缺乏的功能空间做相应的添加，以满足现在的使用要求。如随着时代进步，现在所需要的学习空间——书房，以及更加方便的与卧室配套的厕所。

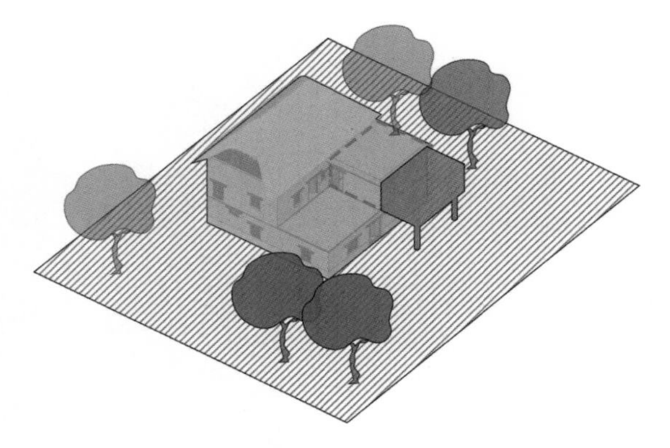

扩充：扩充是指依据原有空间功能的需要进行适当的拓宽，增大空间的容量。原有的居住空间因为用地有限和人群密度大，存在着空间窄小、昏暗的问题，所以需要对空间进行改变与扩充。

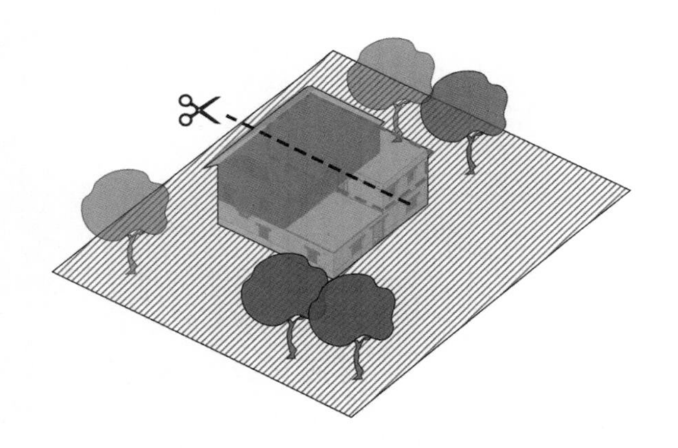

重组：重组是指依据原有的空间对其进行一定水平或垂直维度的分割或融合，以形成新的空间关联体系。原有民居因为空间布置不恰当而导致空间布局的浪费与利用不充分的问题，需要我们对既有空间进行重新考虑，采取分割与融合可形成高效好用的空间，供给居民使用。

2.4 控制建造成本

运输费用：云南地处西部，农民收入相对较低。山峦环绕，重岩叠嶂，乡村与城市之间的道路曲折蜿蜒，山区建房的建材运输费用甚至高于建材购买费用。

人工费用：随着时代的发展，如今聘请工人帮助盖房的费用越来越高，对许多家庭来说也是一大笔开销，建造房子的劳动繁重，消耗大，往往价格不菲。

材料费用：现代材料如水泥、钢筋等的费用居高不下，导致建筑的建造成本增加。因此，在有限的经济条件下，就地取材是解决成本问题的有效途径。

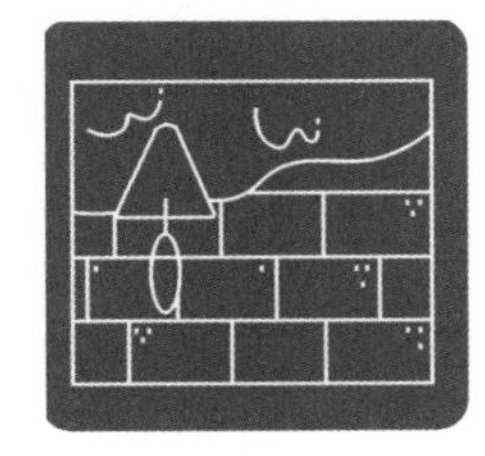

2.4.1 本土材料的可持续利用

云南地理环境复杂、气候多变，为传统民居建筑提供了多种多样的天然建筑材料，最为常用的有土、木、石、草及农作物秸秆等。由于元阳县哈尼族村落处在崇山峻岭之中，现代材料除了运输不便外，还存在着运输费用昂贵、碳排放量高的问题，不经济，也不低碳。通过对传统民居的研究我们可以发现，传统的天然材料既可以保留建筑的风貌，又能节约成本，因此可以将当地材料与适宜的技术相结合，创造出适合人们居住的低碳、低造价民居。

木材

土

石头

茅草和农作物秸秆

2.4.2 村寨互助式建造

通过制定标准和规范流程，我们可以将建筑的建造大部分交由当地的居民完成，当地的居民是建筑更新的主要受惠者和实践者。将建筑的建造流程化，通过培训活动让每一位村民了解建造的具体规则，动手建造属于自己的住房，可节省人工成本，从而有效地控制建造成本，减轻建造带来的经济负担。

制定规范流程

建造

进行专门培训

互助

第 3 章　空间功能优化

3.1　建筑功能

3.1.1　哈尼族传统民居平面类型

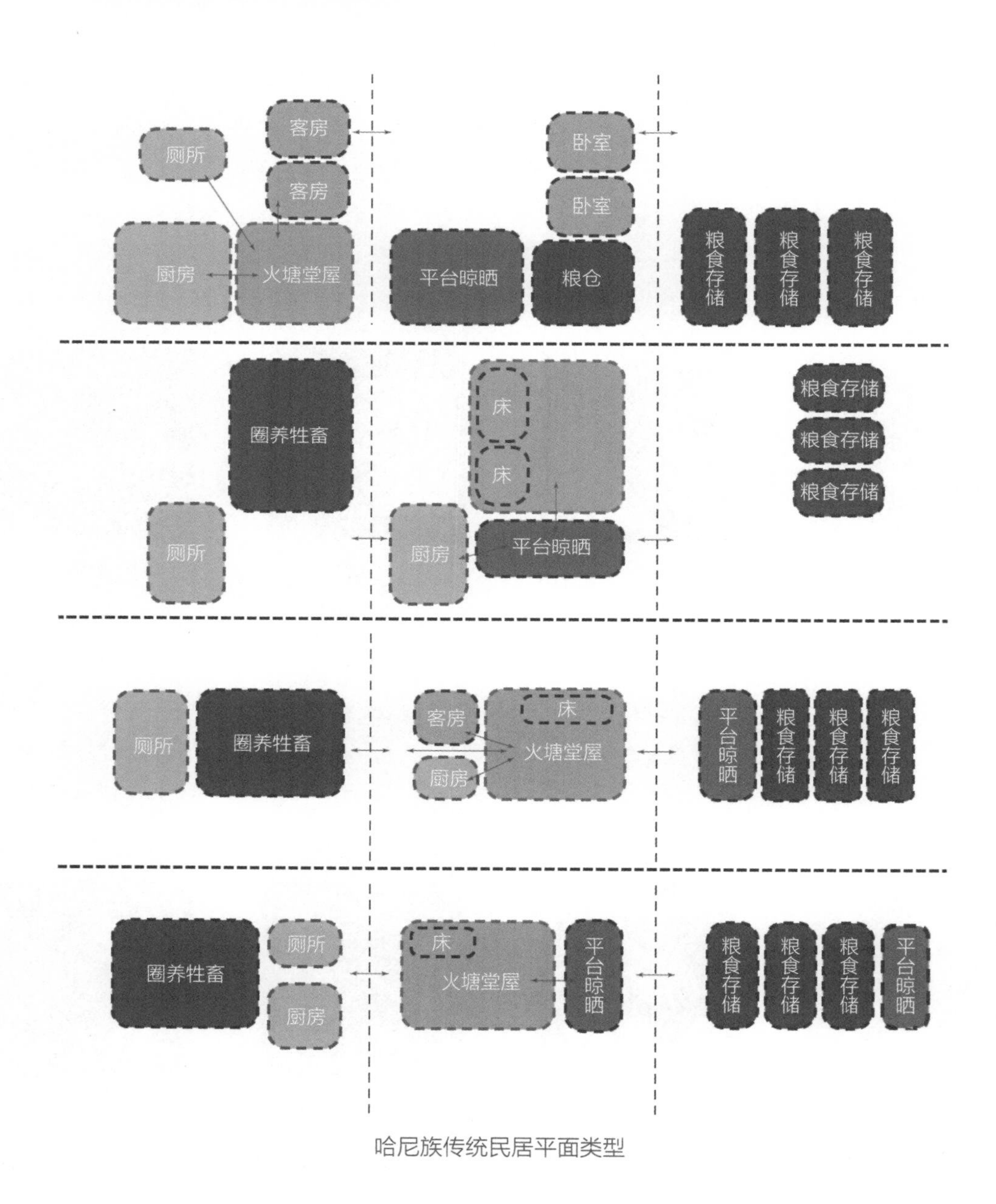

哈尼族传统民居平面类型

1. 曲尺形

由正房和一侧耳房组成，耳房为一层或两层，高度较低矮。地形高差大者，正房高于院落地坪1m以上，廊子上采光通风效果较好。云南元阳县哈播村林宅、红河县甲寅镇马宅和钱宅即是典型的实例。这种正房和一侧耳房的组合方式，分为“糯美型”和“糯比型”两种。

糯美型：正房与耳房平面是各自独立的两个矩形，正房前为封闭的廊子；糯比型：平面为曲尺形，即正房与耳房连在一起，空间划分和使用安排与“糯美型”基本相同。

2. 独立型

房屋一般为三间，平面接近方形，尺度不大。一层为畜厩，二层为厨房和卧室，卫生条件比较差。屋顶为两坡或四坡屋面，有封火层。此外，在入口处还设有较小门廊，门廊一侧隔有小间供成年孩子居住，其上作为晒台或偏厦暂存杂物。

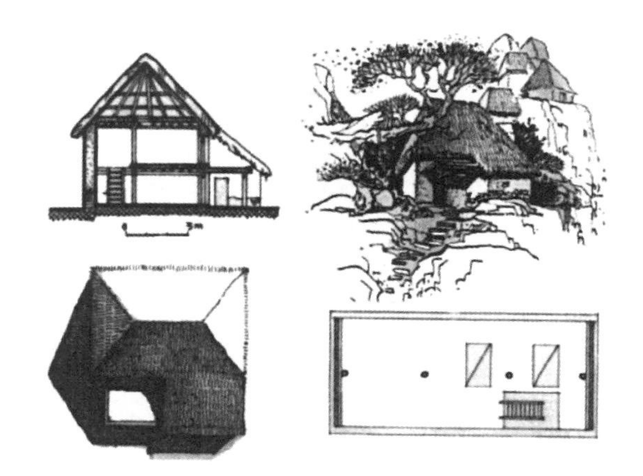

独立型“蘑菇房”平面，剖面图

（来源：杨大禹，朱良文著《云南民居》）

3.1.2 哈尼族蘑菇房民居的建筑空间组成

1. 闷火顶与晒台

二层一般不住人，供晾晒、贮存粮食之用。闷火顶主要储藏粮食和种子，这里不易潮湿发霉。有的闷火顶（又称封火顶）上还专门留有一个小孔，约20cm×20cm，可把粮食从闷火顶上直接漏至粮仓内，以应对突降雨水并方便搬运。

2. 正房和耳房

正房和耳房是蘑菇房内部的主要组成结构。分二层和三层的蘑菇房在建设时会做一些精心的设计，使其在功能上可以承担更多的作用，同时也别有韵味。

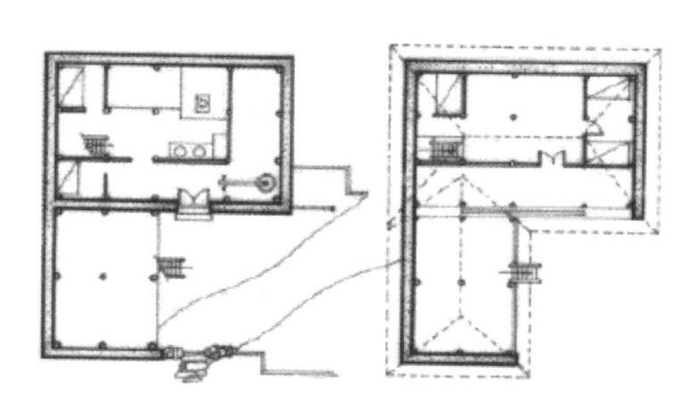

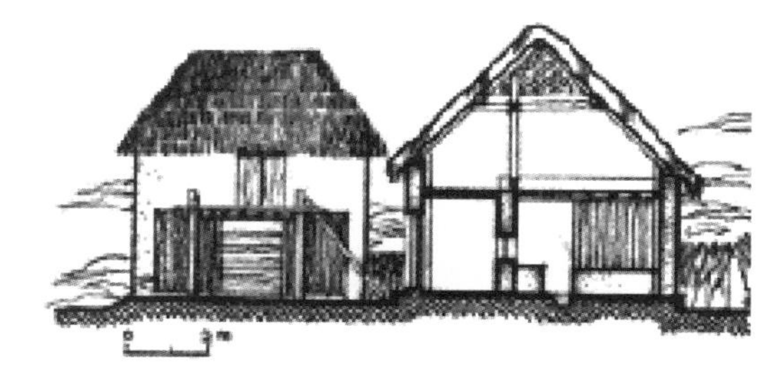

曲尺型“蘑菇房”平面，剖面图

（来源：杨大禹，朱良文著《云南民居》）

3. 客房与火塘

火塘：哈尼语中称为“枯拉”，是一家房屋的核心空间。底层三间，明间是堂屋，开间较大，为待客和家人聚集处，正中为传统中祭神的地方。两边次间为卧室，开间相对较小，老人或已婚兄弟各住一边。堂屋中的高火床，类似北方民居中的火炕，是家长专有的空间，晚辈须予回避。

从建筑的外观与构造来看，哈尼族蘑菇房坡顶部分的承重构造为竹木构架，个别房屋也用部分土墙承重。竹木构架在技术落后的民族地区较简单，且不规范；技术较好地区则用规整的人字形木屋架，屋面多为草顶。

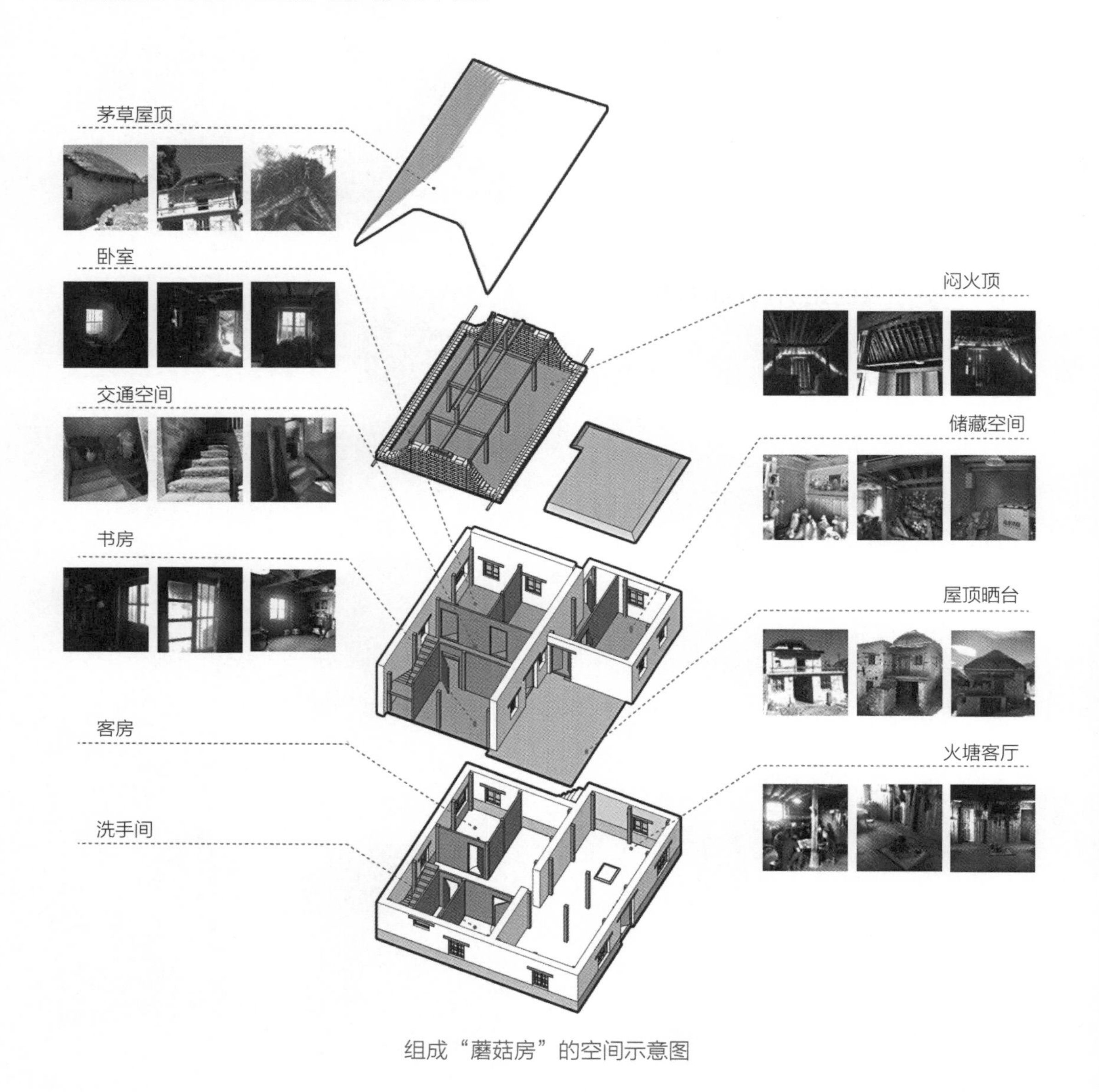

组成“蘑菇房”的空间示意图

3.2 保留本地特色

1. 茅草屋顶

覆盖厚重的茅草，以应对相对湿润的气候，需要不断翻新，形成了独特的建筑聚落景观。

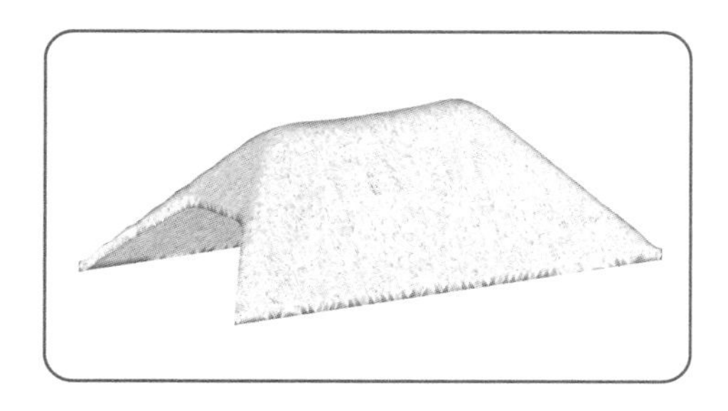

2. 特色木檩条构造做法

两侧平坡檩条平齐，辅以竹木条横向串联，山墙上部檩条以端部为中心，依次旋转一定角度，成圆锥状。

3. 顶层木框架构造做法

哈尼人在闷火顶与屋架之间用简洁的木构架进行连接，有效传递了竖向荷载。

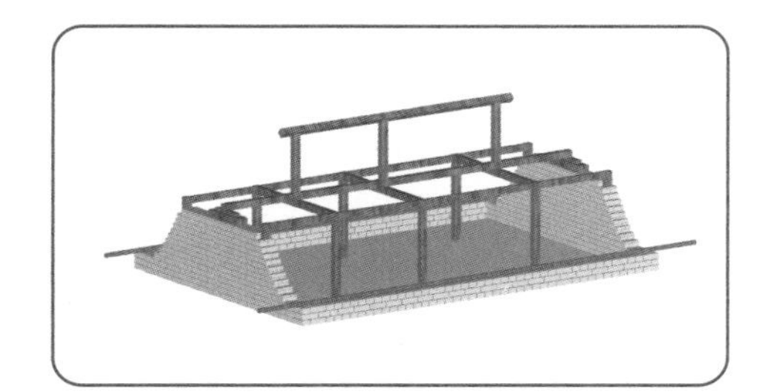

4. 土坯墙的砌法

采用一顺一丁的土坯墙砌法，墙面规整，形体方正。哈尼族传统民居的土坯墙体厚重，纹理明显，形成独特的外形特色。

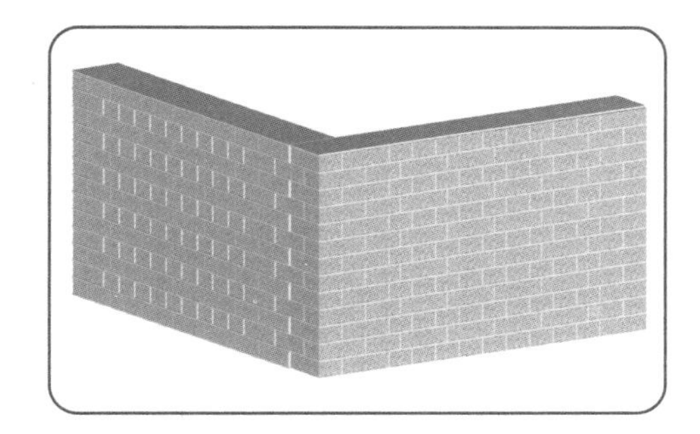

5. 晒台

哈尼人设置了晒台，作为平日休息、游玩以及晾晒食物的空间，丰富了观景层次，增添了生活趣味。

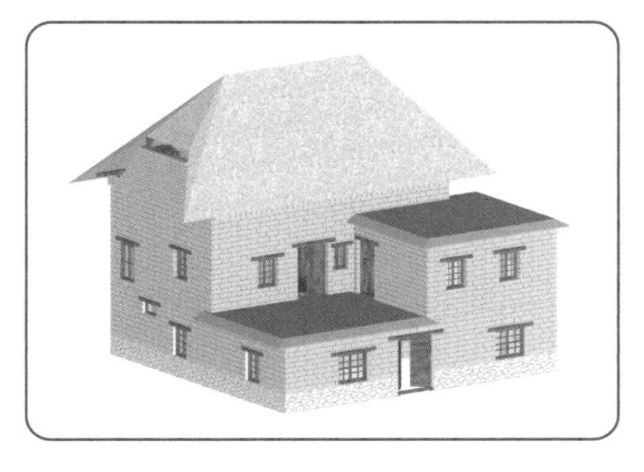

3.3 优化空间序列

3.3.1 优化前序列

旧住宅的空间布局为：一层作为牲畜和存放杂物用房，因此空间卫生条件差，影响了建筑给人的第一印象；二层是生活活动和餐饮的大空间，整个空间的功能比较单一，仅用木板隔开，作为卧室，砌土灶做饭。客人必须走上二层，才能进入建筑。屋顶层用于储存粮食和堆放杂物。整体空间序列混乱、私密性不足。

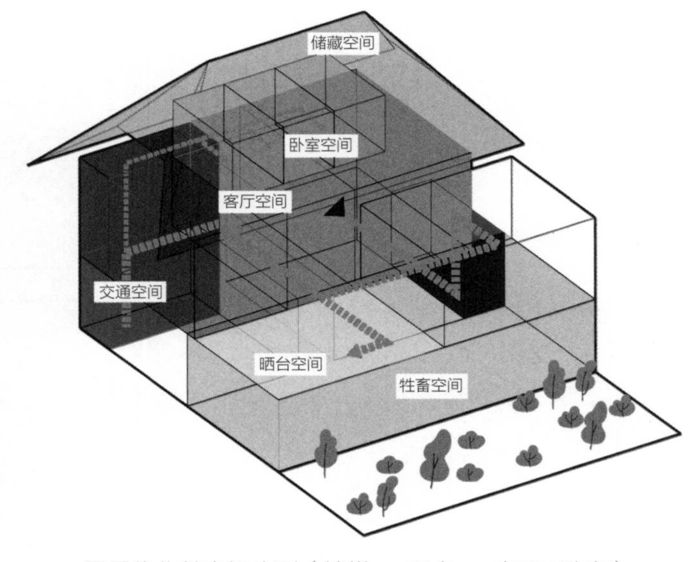

民居优化前空间序列（楼梯 → 晒台 → 客厅 / 卧室）

3.3.2 优化后序列

新住宅的空间布局为：一层设客厅、餐厅，并配有客房，这不但改善了一层空间的形象，而且加强了建筑的可进入性；二层设卧室和书房，用星空露台引入自然，增添了生活的雅趣。顶部保留了谷仓的存储功能。

整体空间序列井然有序，增加了私密性保护。

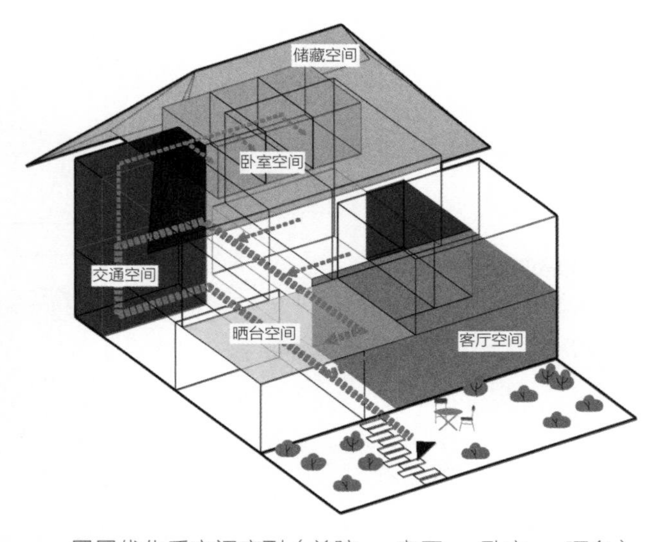

民居优化后空间序列（前院 → 客厅 → 卧室 → 晒台）

3.4 提升室内空间物理环境

3.4.1 提升室内光环境

传统民居的建筑开窗较小，室内采光不足、昏暗。通过合适的开窗，使室内主要功能空间的采光系数满足标准值的要求。

3.4.2 提升室内热环境

首先是增加建筑围护墙体下部条石部分的保温性能，土坯砖墙体本身就具有很好的保温隔热性能，接着是改进建筑外门窗，增加其密闭性，对外窗各朝向的开启面积、窗地比等进行控制，并恰当选择外窗窗框和玻璃材质。

3.4.3 提升室内声环境

避免噪声干扰，引入自然流水声音、鸟鸣声、风声，避免了过去客厅和卧室的相互干扰，将二者分开。

3.4.4 提升室内空间布局

对室内空间布局进行优化，例如优化了储藏空间，新增了书房学习空间等，更加适应居民在新时代对空间的需求。

3.5 提升室内环境

3.5.1 白天引入自然风物

利用晒台和灵活的窗户，引入各个方向的自然风光，包括梯田、云雾、山峦、树林、流水。哈尼族传统民居晒台有得天独厚的取景优势。在顺应地形的同时，通过设计好的晒台可以观赏到美丽的自然风物，丰富人们在白天的生活雅趣。

3.5.2 夜间引入星空夜景

利用晒台，将星空引入人们的生活中。晒台和卧室、起居室、书房位置相近，使用者可以在夜间来晒台休息、聊天、观赏星空，为人们的交往创造了场所，增添了人们在夜间的活动雅趣。

白天观景示意图

夜间观景示意图

第 4 章　围护界面提升

4.1　优化围护墙体

4.1.1　围护墙体现状

哈尼族传统民居墙体类型有土坯砖墙，石砌墙体，混合墙体。其中，使用率最高的是混合墙体，即墙体下部与地面接触的部位采用条石砌筑，上部则使用土坯砖进行砌筑。

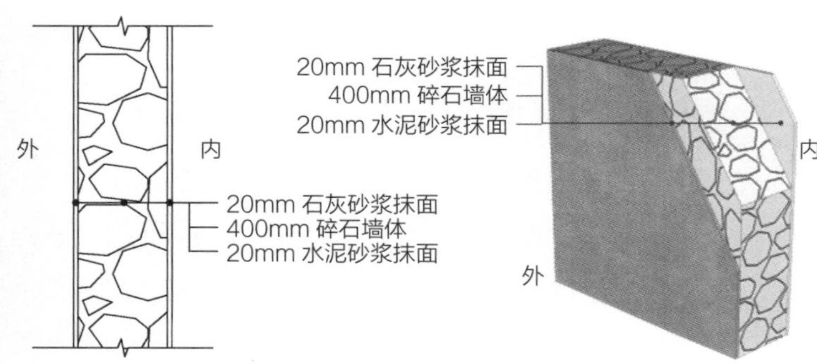

石砌墙体构造 1

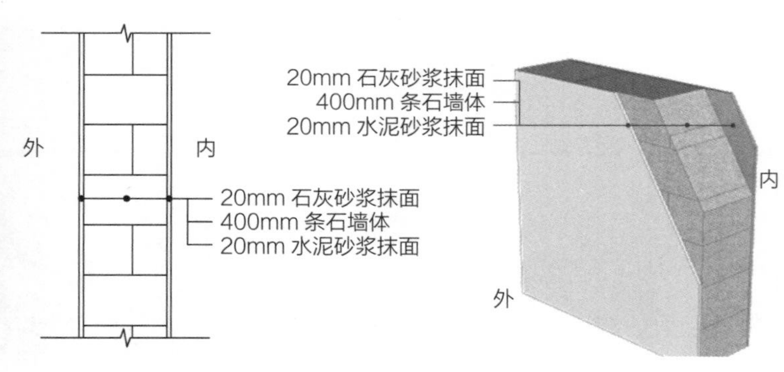

石砌墙体构造 2

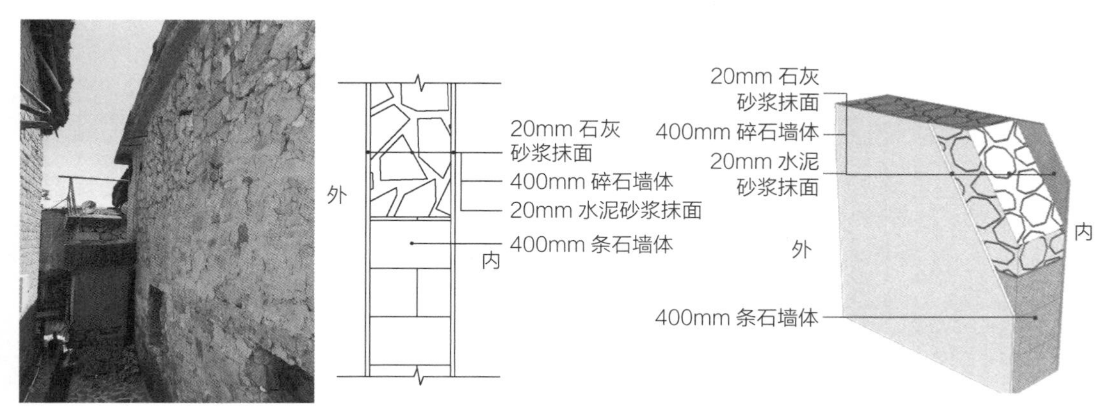

石砌墙体构造 3

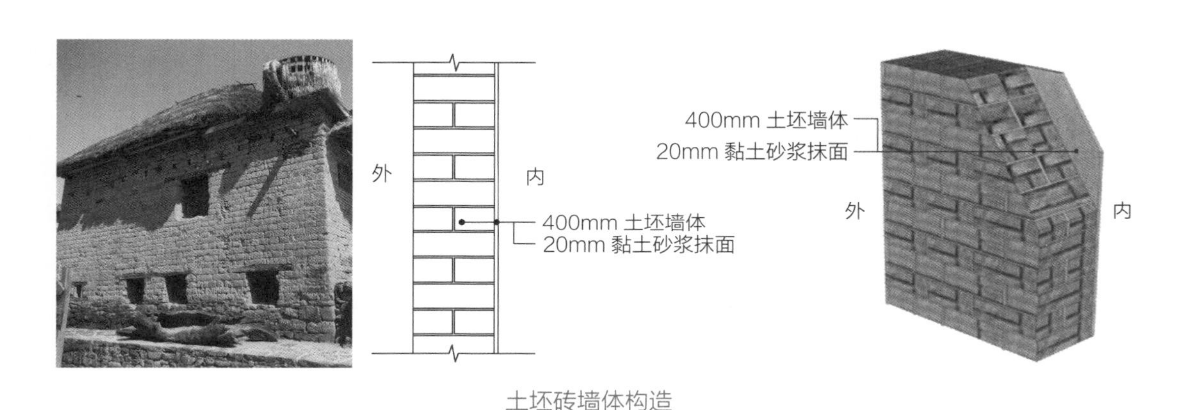

土坯砖墙体构造

外
20mm 石灰
砂浆抹面
400mm 土坯墙体
20mm 水泥砂浆抹面
400mm 条石墙体
内
20mm 石灰砂浆抹面
400mm 土坯墙体
20mm 水泥
砂浆抹面
外
内
400mm 条石墙体

混合材质墙体构造

4.1.2 围护墙体材料热工性能评价

本地区传统民居的墙体经过计算平均传热系数并与标准值进行对比，使用土坯砖的墙体热工性能满足标准要求，而使用毛石、条石的墙体平均传热系数普遍大于标准值，在墙体热工提升方面还有较大空间。

墙体类型	构造层次（从外到内）	平均传热系数[W/(m²·K)]	标准值[W/(m²·K)]
石砌墙体构造1	20mm石灰砂浆抹面+400mm碎石墙体+20mm水泥砂浆抹面	3.22	≤2.0
石砌墙体构造2	20mm石灰砂浆抹面+400mm条石墙体+20mm水泥砂浆抹面	3.22	
石砌墙体构造3	下部用400mm条石墙体，上部用400mm碎石墙体	3.22	
土坯砖墙体构造	400mm土坯墙体+20mm黏土砂浆抹面	1.60	
混合材质墙体构造	下部用400mm条石墙体，上部用20mm石灰砂浆抹面+400mm土坯墙体+20mm水泥砂浆抹面	下部3.22 上部1.60	

4.1.3 围护墙体热工性能提升

在对墙体进行改造时，只针对热工性能弱的部分进行加强，即石砌墙体部分，下面给出三种石砌墙体改造方案，核心部分分别加入玻化微珠保温砂浆、挤塑聚苯板和胶粉聚苯颗粒。

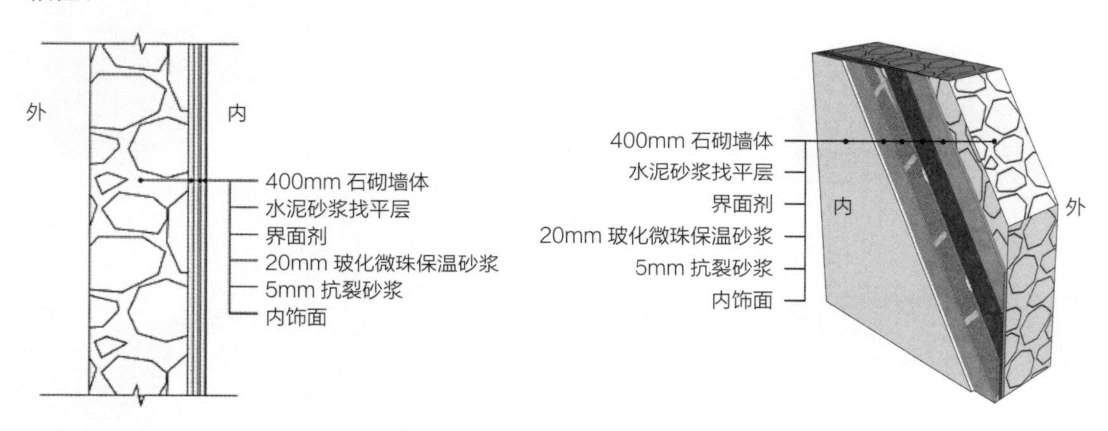

改造 1：加入玻化微珠保温砂浆

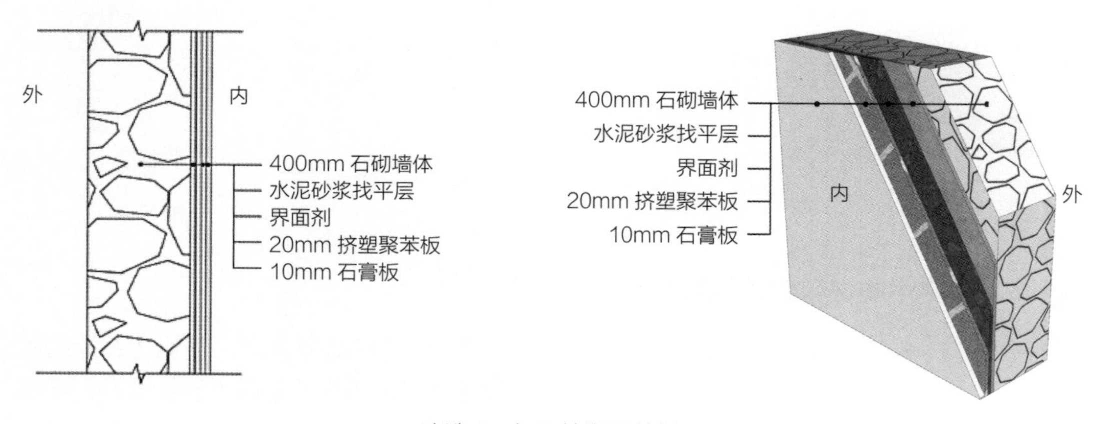

改造 2：加入挤塑聚苯板

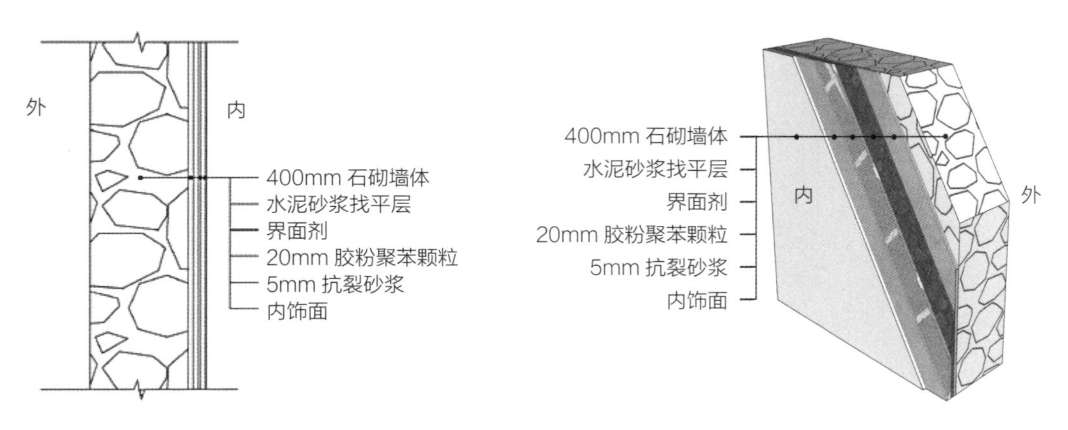

改造 3：加入胶粉聚苯颗粒

改造后的墙体其平均传热系数均小于2.0标准值，在实际工程中，可根据情况按下表所列材料进行选择和施工改造。

墙体类型	构造层次（从外到内）	平均传热系数 [W/（m²·K）]	标准值 [W/（m²·K）]	价格（保温材料）
改造1	400mm石砌墙体+水泥砂浆找平层+界面剂+20mm玻化微珠保温砂浆+5mm抗裂砂浆+内饰面	3.22	≤2.0	23元/m²
改造2	400mm石砌墙体+水泥砂浆找平层+界面剂+20mm挤塑聚苯板XPS+10mm石膏板	3.22		7.2元/m²
改造3	400mm石砌墙体+水泥砂浆找平层+界面剂+20mm胶粉聚苯板+5mm抗裂砂浆+内饰面	3.22		10元/m²

注：标价来源于专业网站2022年2月报价。

4.2 改造屋面构造

4.2.1 屋面现状

云南哈尼族地区传统民居有两种屋面，一种是茅草覆盖的四坡蘑菇顶，不能上人，其蘑菇屋顶单纯采用较厚（约300mm厚）的茅草覆盖，无刻意使用防水材料，在屋顶与墙体的交接处，由于搭接方式的原因，会存在许多缝隙。

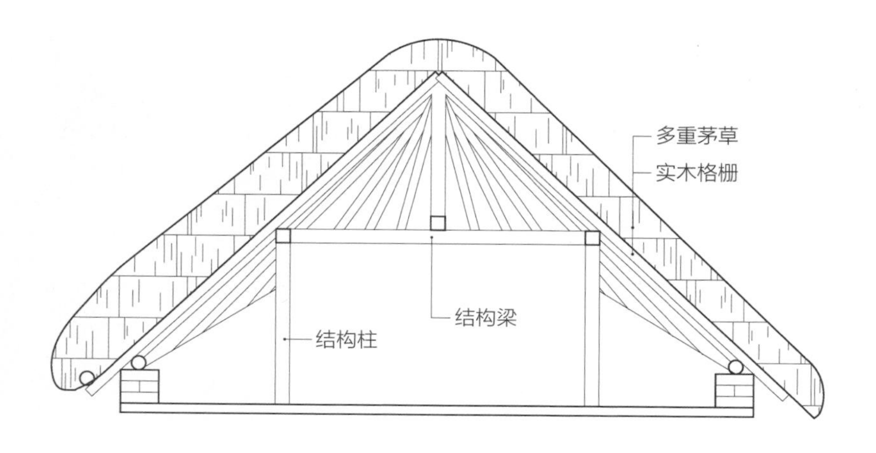

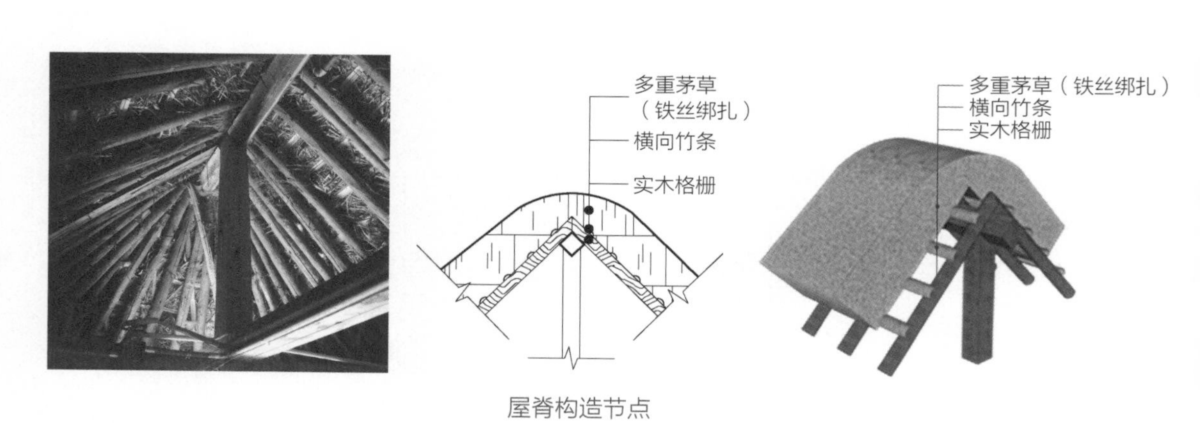

屋脊构造节点

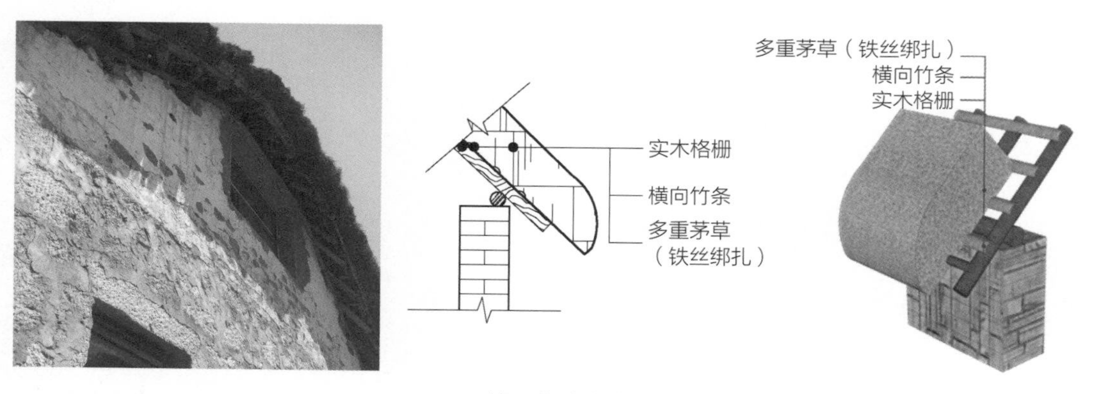

檐口构造节点

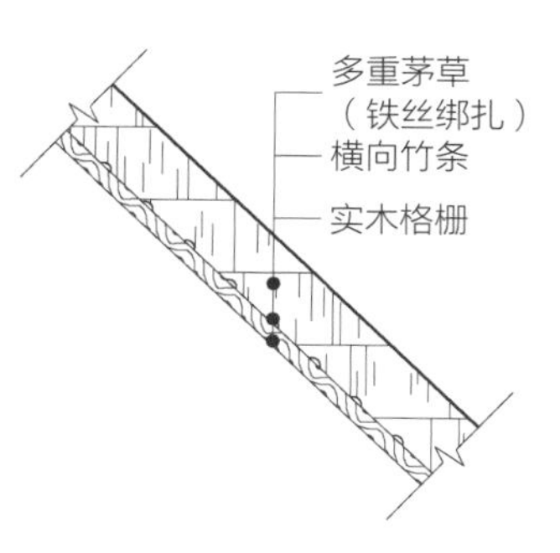

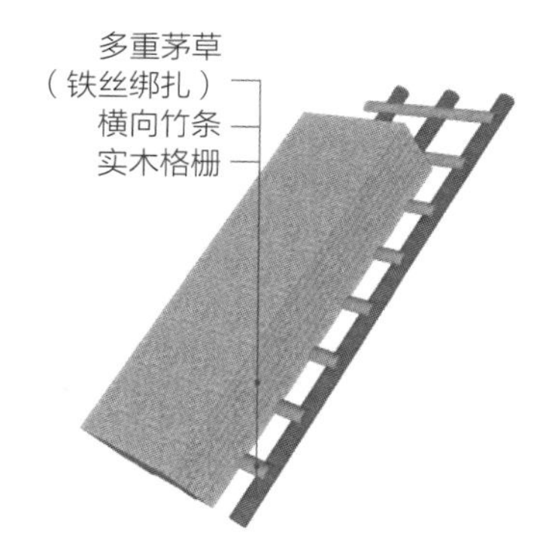

屋面构造节点

另一种则是经常上人的混凝土屋面，这个平屋面作为地面的延伸承载着重要的功能。作为晒台来使用平屋顶，居民可以在上面劳作、休息或者闲谈等。

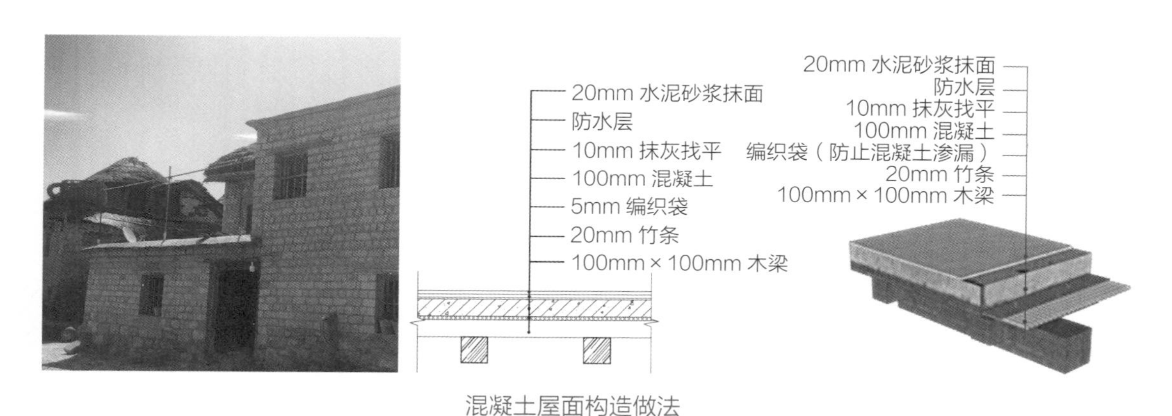

混凝土屋面构造做法

4.2.2 屋顶材料热工性能评价

对本地区传统民居屋顶进行计算平均传热系数并与标准值进行对比可得，传统的蘑菇屋顶使用较厚的茅草，而茅草是一种热工性能良好的材料，因此在不考虑屋顶与墙体交接处可能出现的冷风渗透等影响下，茅草屋顶的热工性能满足标准要求；而混凝土平屋顶的平均传热系数相较标准值较大，因此改造屋面构造的重点在于混凝土平屋面。

屋顶类型	构造层次（从外到内）	平均传热系数 [W/(m²·K)]	标准值 [W/(m²·K)]
茅草屋顶	300mm茅草	0.15	≤1.0
混凝土平屋顶	20mm水泥砂浆抹面+防水层+找平层+100mm混凝土+5mm编织袋+20mm竹条	4.37	

4.2.3 屋面热工性能提升

茅草屋顶与墙体交接处缝隙的处理，有两种。第一种改造方案是将可开闭的保温帘安装在交接处开敞的部分，需要时可打开进行辅助通风，虽然这种方式仍会留有微小缝隙，但却经济适用。

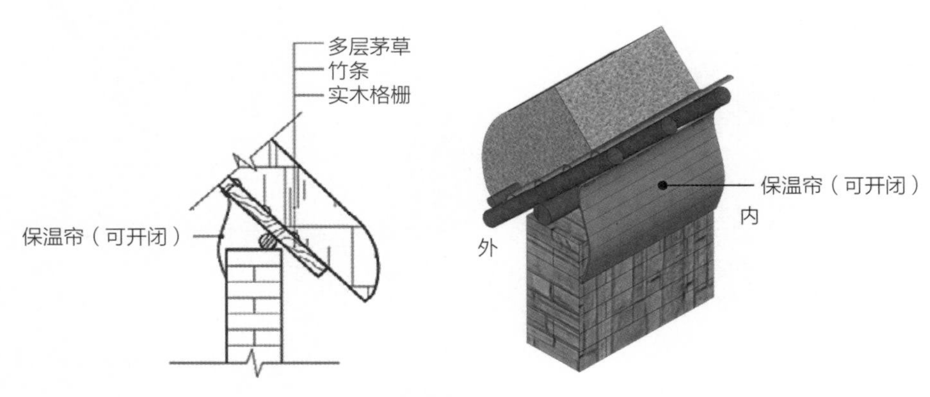

茅草屋顶改造 1

第二种改造方案需要将原有屋顶整体抬高一部分，然后在墙体顶部砌筑混凝土，并将屋架上竖向檩条砌筑在混凝土材质中，这种方法可以将交接处完全封闭，但却不能进行自由开闭。

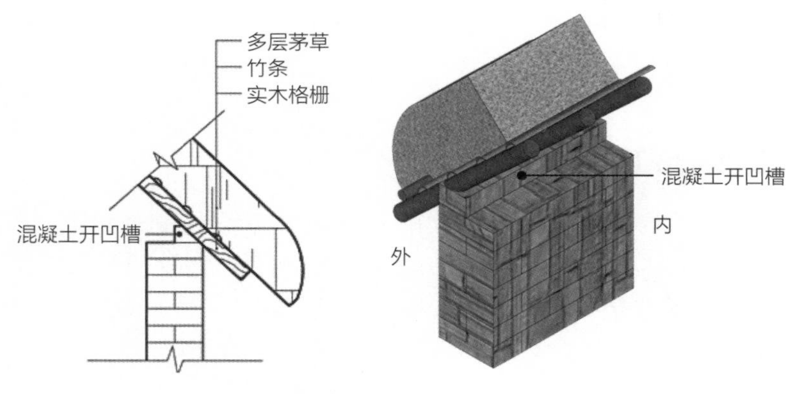

茅草屋顶改造 2

混凝土平屋顶的提升改造，需要增强保温隔热性能，降低平均传热系数。下面给出三种屋顶改造方案，第一种是正铺式钢筋混凝土屋面，其中保温层的厚度为50mm的憎水珍珠岩或25mm的XPS板，就可满足屋顶平均传热系数标准值的要求。

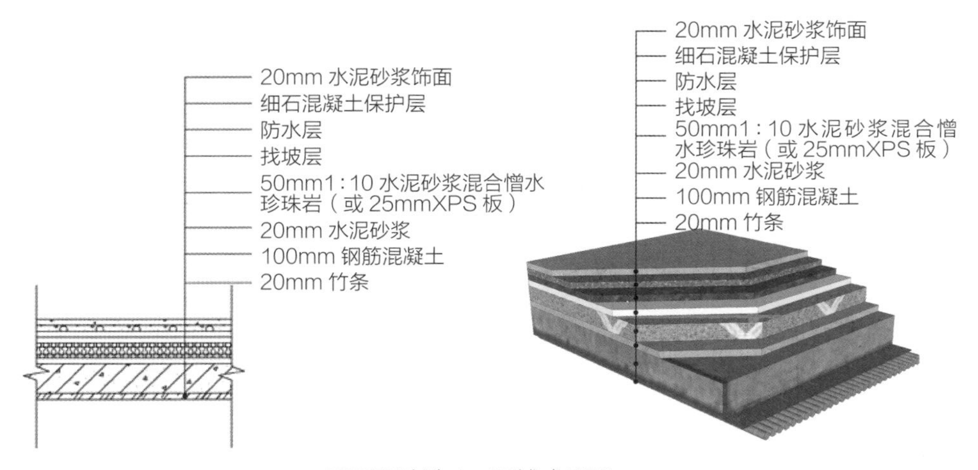

平屋顶改造 1：正铺式屋面

第二种做法是倒铺式钢筋混凝土屋面，其中保温层所选用的材料因考虑到经济性和施工方便，选择25mm厚的XPS板材。

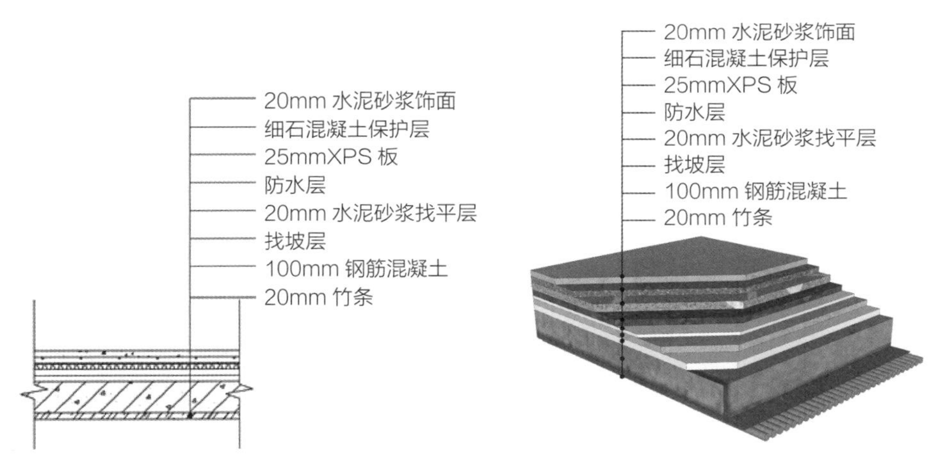

平屋顶改造 2：倒铺式屋面

第三种做法是通风隔热屋面，即在屋面增加180mm厚的空气间层，这在哈尼族所在的湿热气候区有着良好的气候适应性，可应用在屋面的改造中。

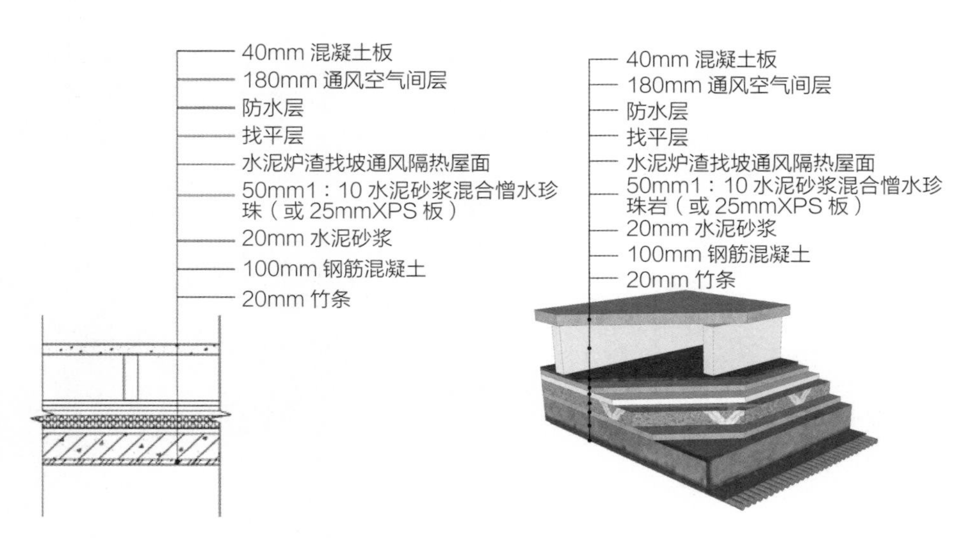

平屋顶改造 3：通风屋面

改造后的屋顶的平均传热系数均小于2.0标准值，在实际工程中，可根据情况按下表所列材料进行选择和施工改造。

屋顶类型	构造层次（从外到内）	平均传热系数［W/（m²·K）］	标准值［W/（m²·K）］	价格（保温材料）
改造1	20mm水泥砂浆饰面+细石混凝土保护层+防水层+找坡层+50mm1：10水泥砂浆混合憎水珍珠岩（或25mmXPS板）+20mm水泥砂浆+100mm钢筋混凝土+20mm竹条	0.92（0.94）		31元/m²
改造2	20mm水泥砂浆饰面+细石混凝土保护层+25mmXPS板+防水层+20mm水泥砂浆找平层+找坡层+100mm钢筋混凝土+20mm竹条	0.94	≤1.0	11元/m²
改造3	40mm混凝土板+180mm厚通风空气间层+防水层+20mm水泥砂浆找平层+水泥炉渣找坡通风隔热屋面+50mm1：10水泥砂浆混合憎水珍珠岩（或25mmXPS板）+20mm水泥砂浆+100mm钢筋混凝土+20mm竹条	0.85		——

注：标价来源于专业网站2022年2月报价。

4.3　提升门窗系统

4.3.1　门窗现状

民居外门的门扇和门框主要材质为木材，门扇有单扇和双扇两种形式，顶部过梁的材质有石材和木材两种，门扇与门框、门框与围护结构交接处的密闭性普遍存在问题。

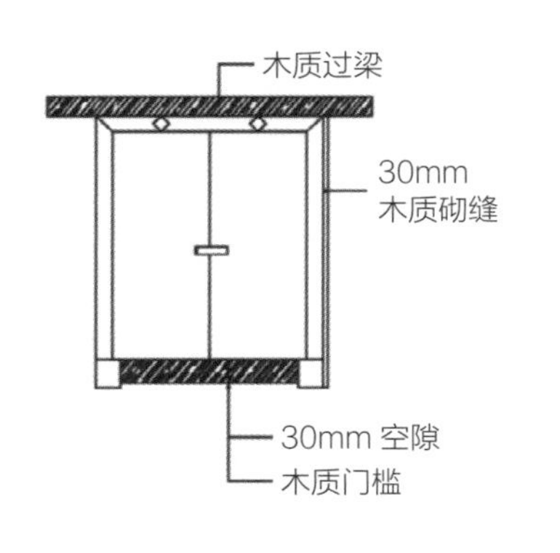

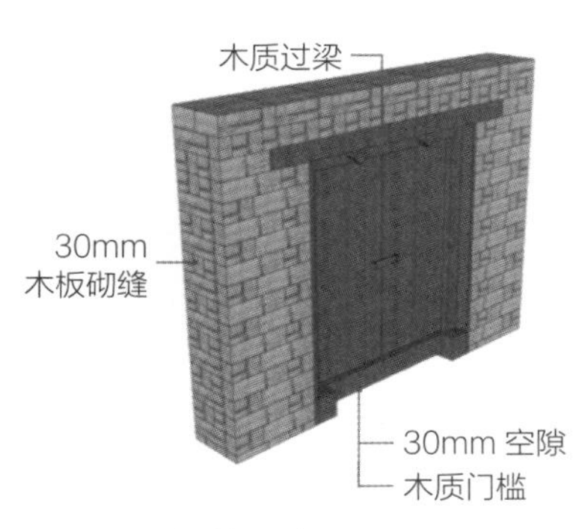

主要门的形式 1

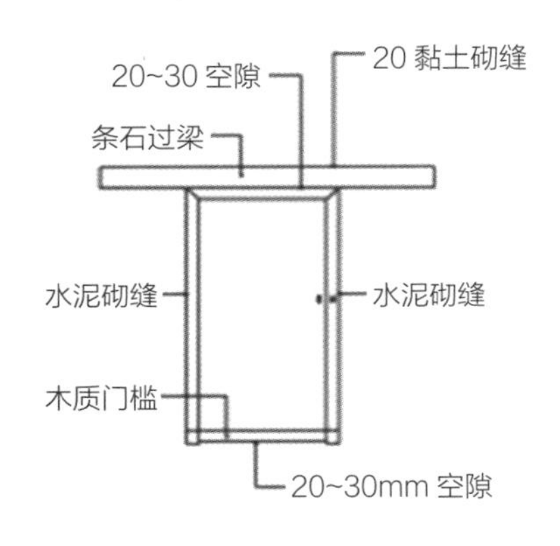

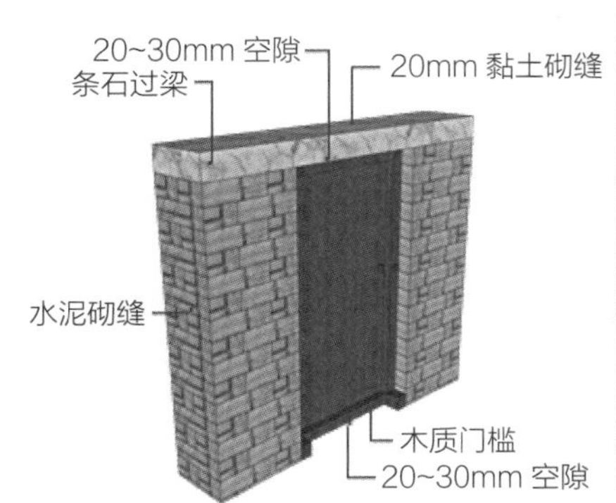

主要门的形式 2

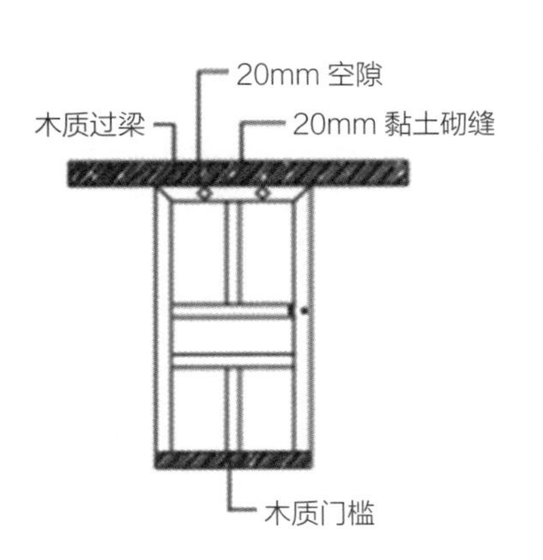

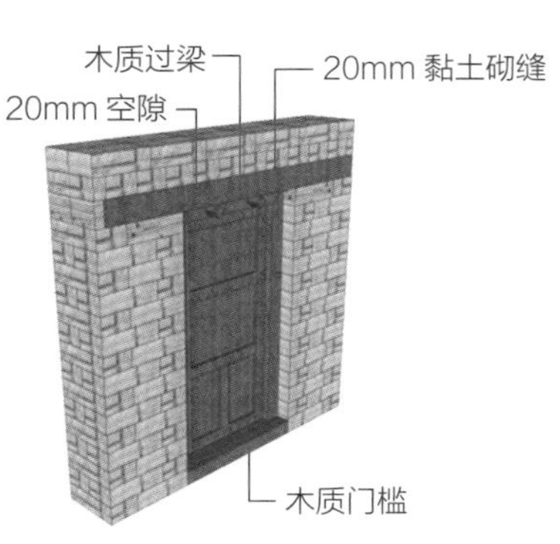

主要门的形式 3

这三种门的形式为此地区传统民居外门的主要形式，有些外门没有下部的木质门槛，也有些做石制门槛。下面为此地区其他门的形式。

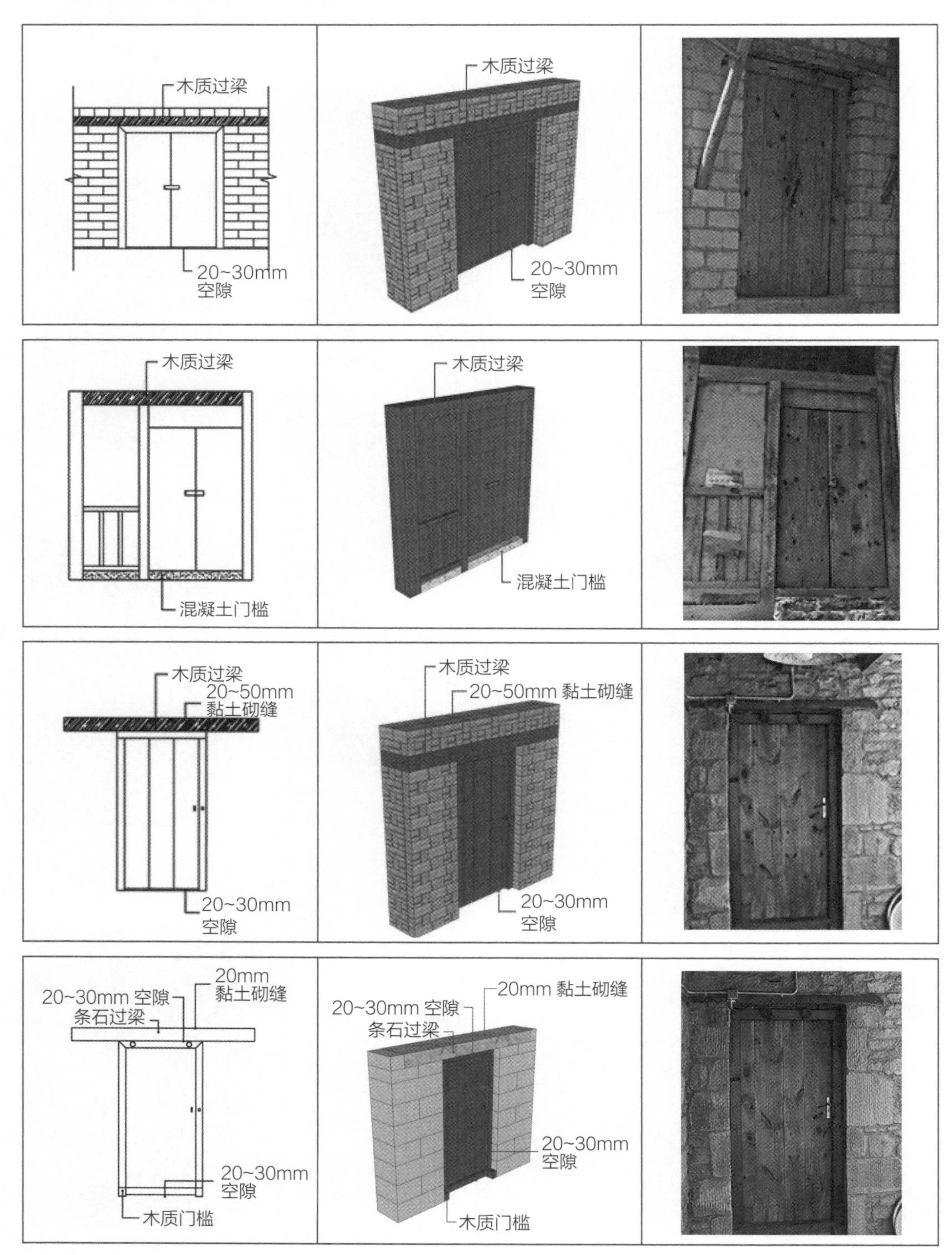

其他门的形式 1

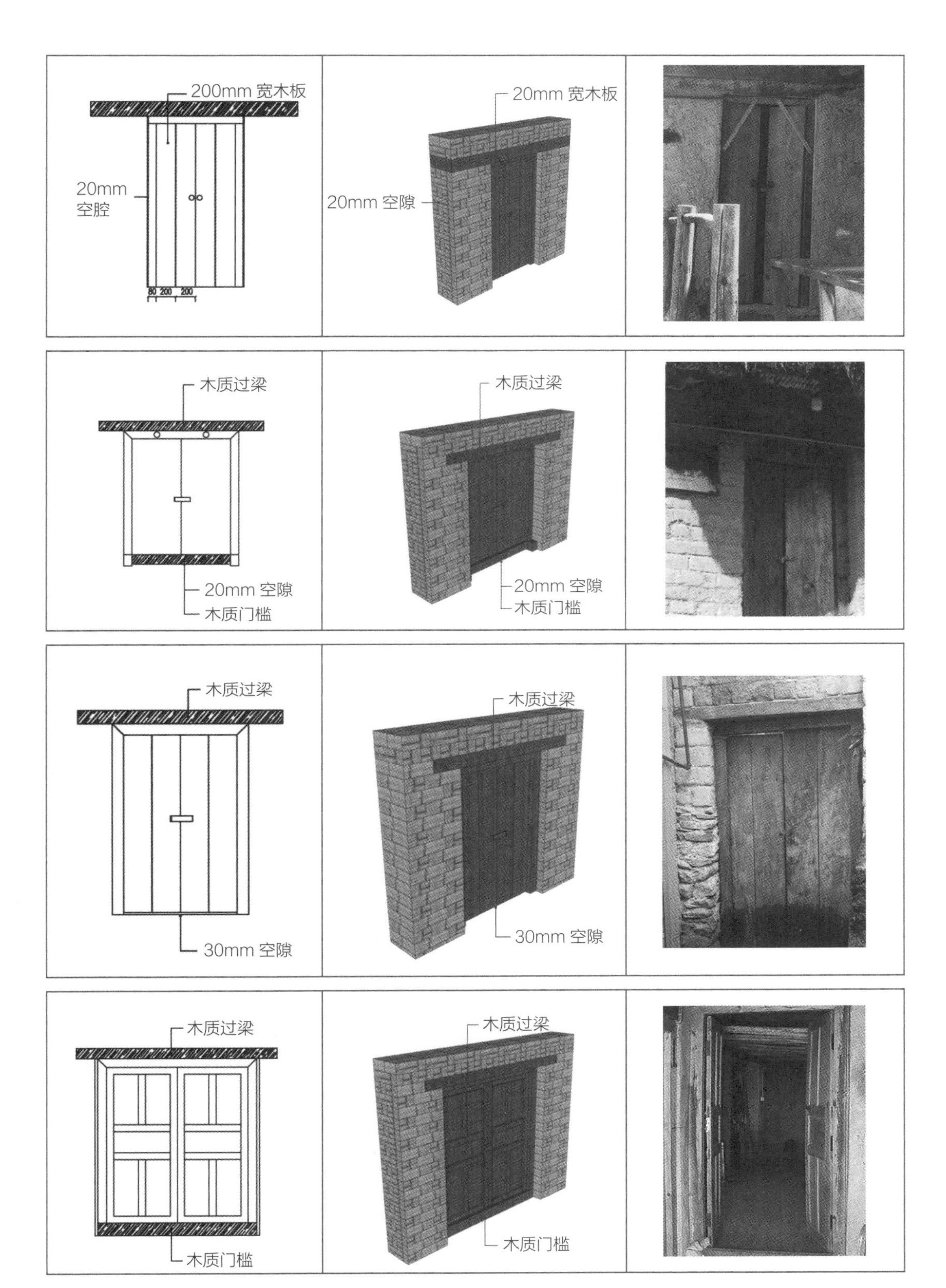
200mm 宽木板
20mm
空腔
80 200 200
20mm 宽木板
20mm 空隙
木质过梁
20mm 空隙
木质门槛
木质过梁
20mm 空隙
木质门槛
木质过梁
30mm 空隙
木质过梁
30mm 空隙
木质过梁
木质门槛
木质过梁
木质门槛

其他门的形式 2

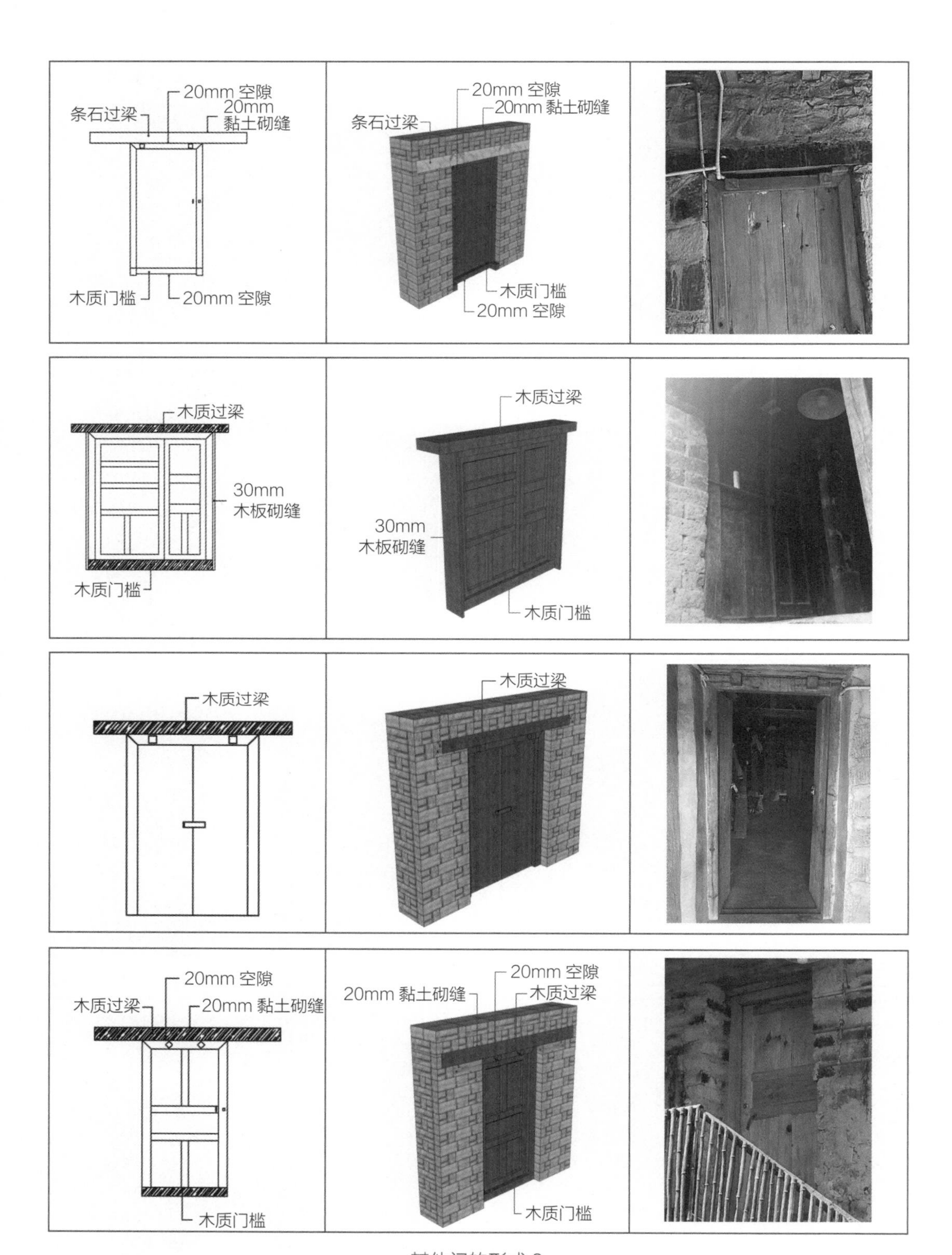

20mm 空隙
条石过梁
20mm
黏土砌缝
木质门槛
20mm 空隙
20mm 空隙
条石过梁
20mm 黏土砌缝
木质门槛
20mm 空隙
木质过梁
30mm
木板砌缝
木质门槛
木质过梁
30mm
木板砌缝
木质门槛
木质过梁
木质过梁
20mm 空隙
木质过梁
20mm 黏土砌缝
木质门槛
20mm 空隙
20mm 黏土砌缝
木质过梁
木质门槛

其他门的形式 3

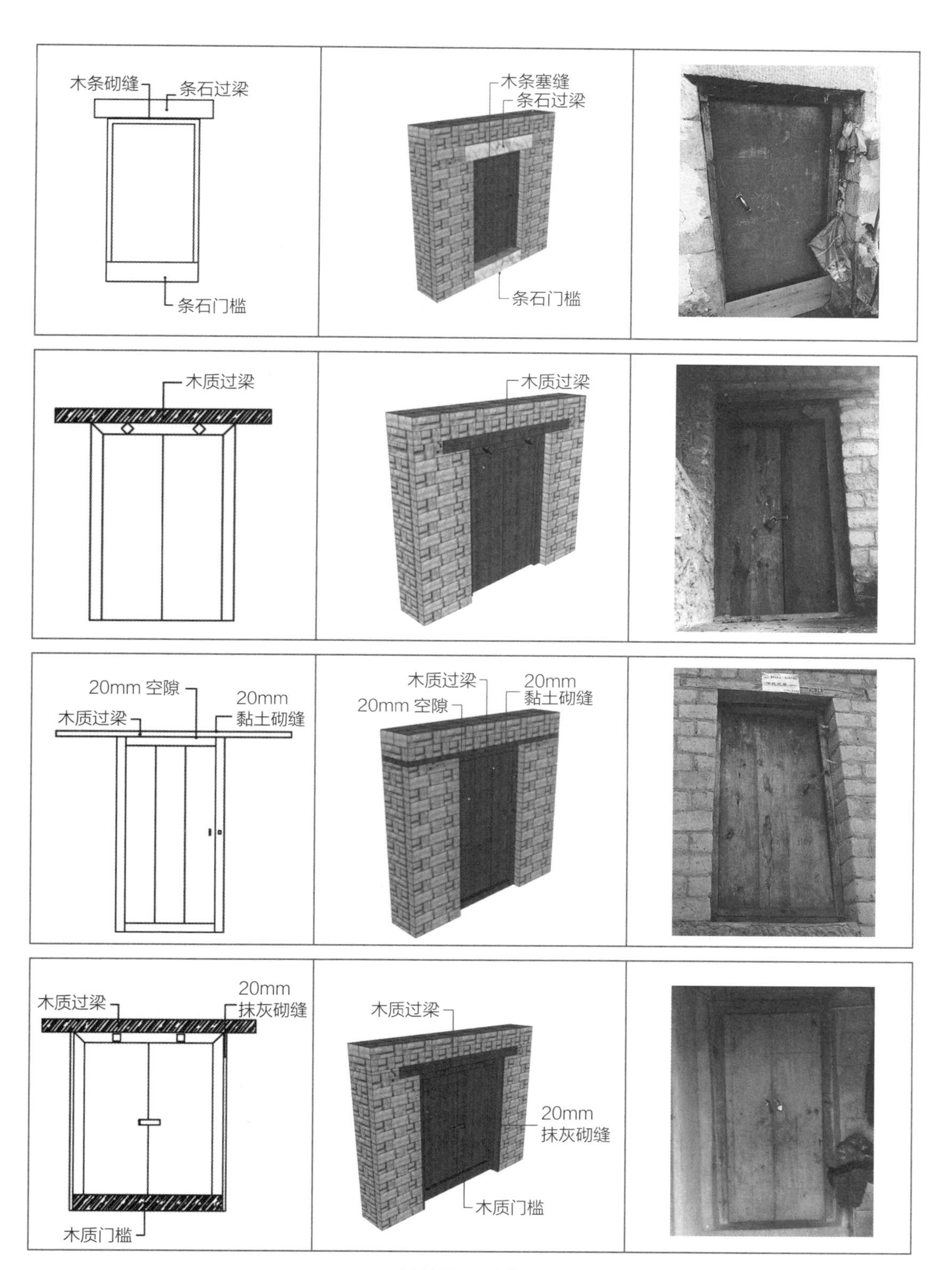
木条砌缝
条石过梁
条石门槛
木条塞缝
条石过梁
条石门槛
木质过梁
木质过梁
20mm 空隙
20mm
黏土砌缝
木质过梁
木质过梁
20mm 空隙
20mm
黏土砌缝
木质过梁
20mm
抹灰砌缝
木质门槛
木质过梁
20mm
抹灰砌缝
木质门槛

其他门的形式 4

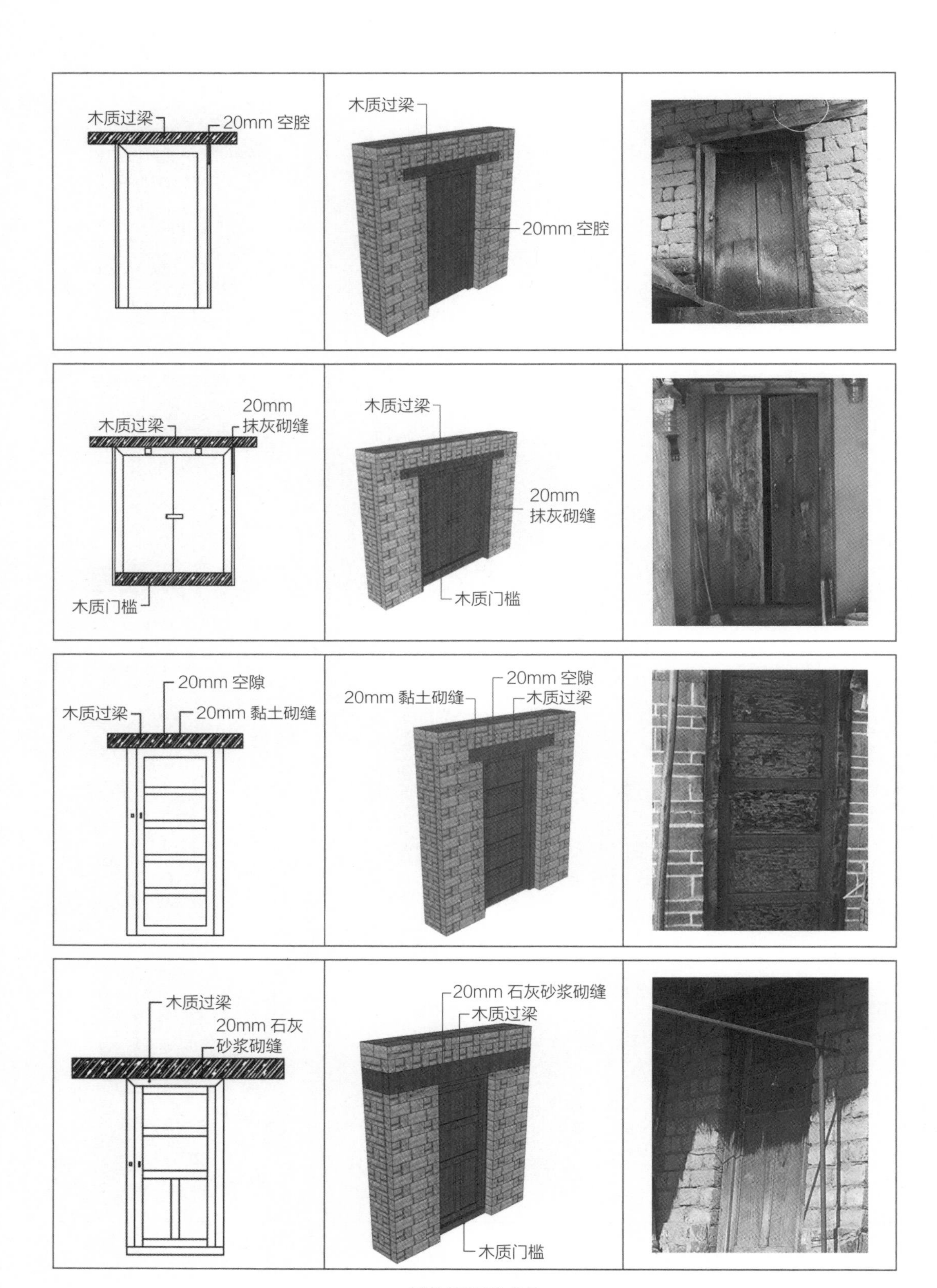
木质过梁
20mm 空腔
木质过梁
20mm 空腔
20mm
抹灰砌缝
木质过梁
木质门槛
木质过梁
20mm
抹灰砌缝
木质门槛
20mm 空隙
木质过梁
20mm 黏土砌缝
20mm 空隙
20mm 黏土砌缝
木质过梁
木质过梁
20mm 石灰
砂浆砌缝
20mm 石灰砂浆砌缝
木质过梁
木质门槛

其他门的形式 5

民居外窗多为双扇向内开启的平开窗，外部加上木制或金属的防盗框架，外窗玻璃多采用的是普通白玻璃，玻璃与窗扇、窗扇与窗扇、窗扇与窗框、窗框与围护墙体的连接处均存在密闭性不足的问题。在主要窗的形式1中，过梁形式可以是石材或木材，防盗窗的材质有木材和金属材质两种。外窗的主要形式有纯木质框架窗框、木质与金属窗框，以及金属窗框三种。

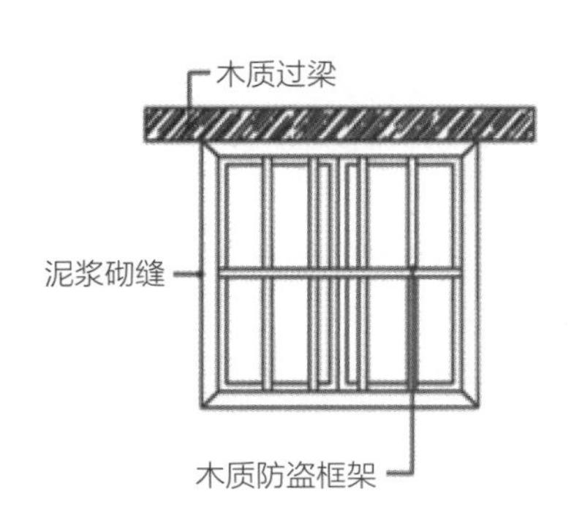

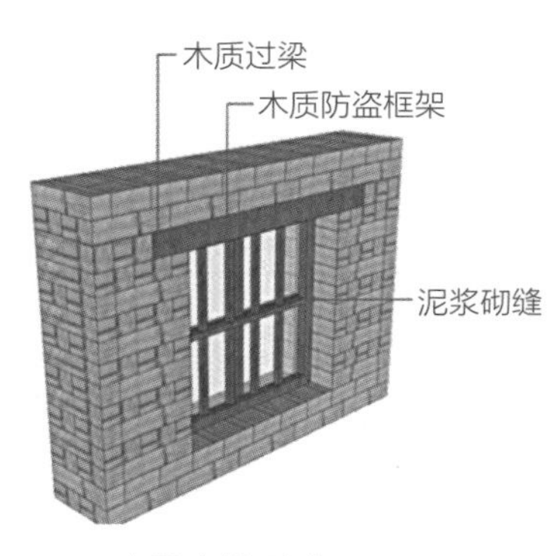

主要窗的形式 1

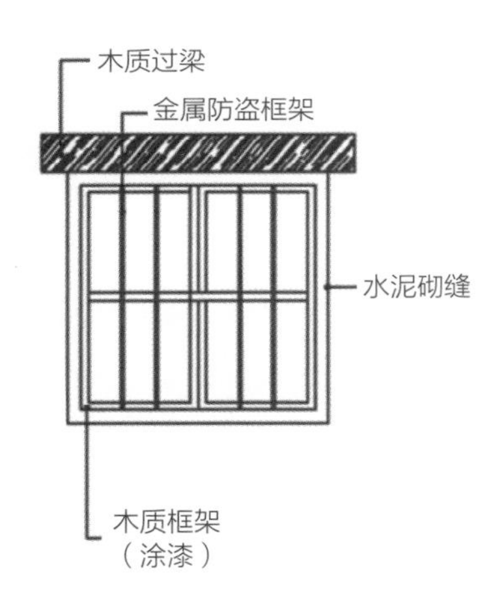

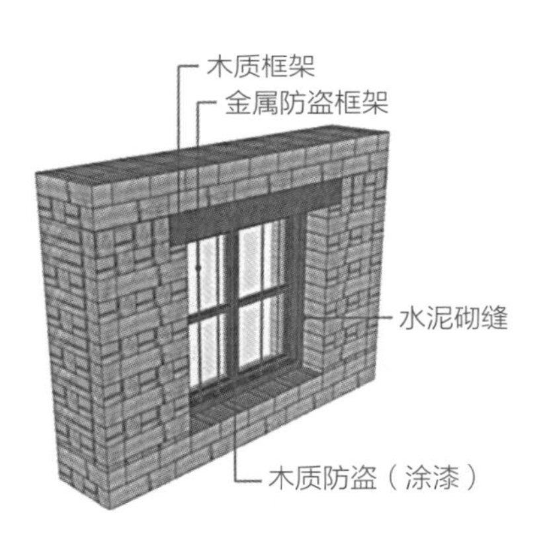

主要窗的形式 2

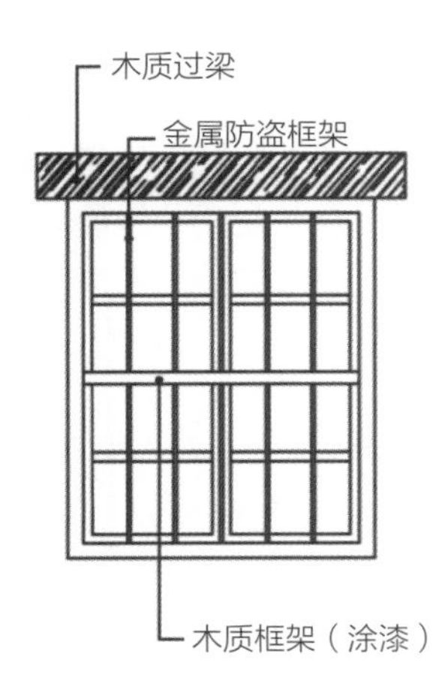

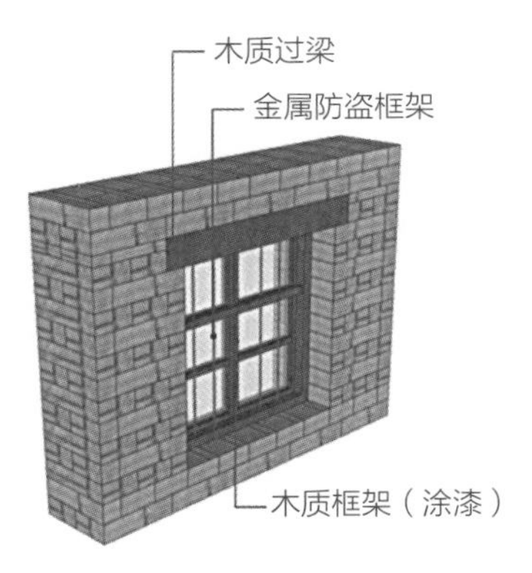

主要窗的形式 3

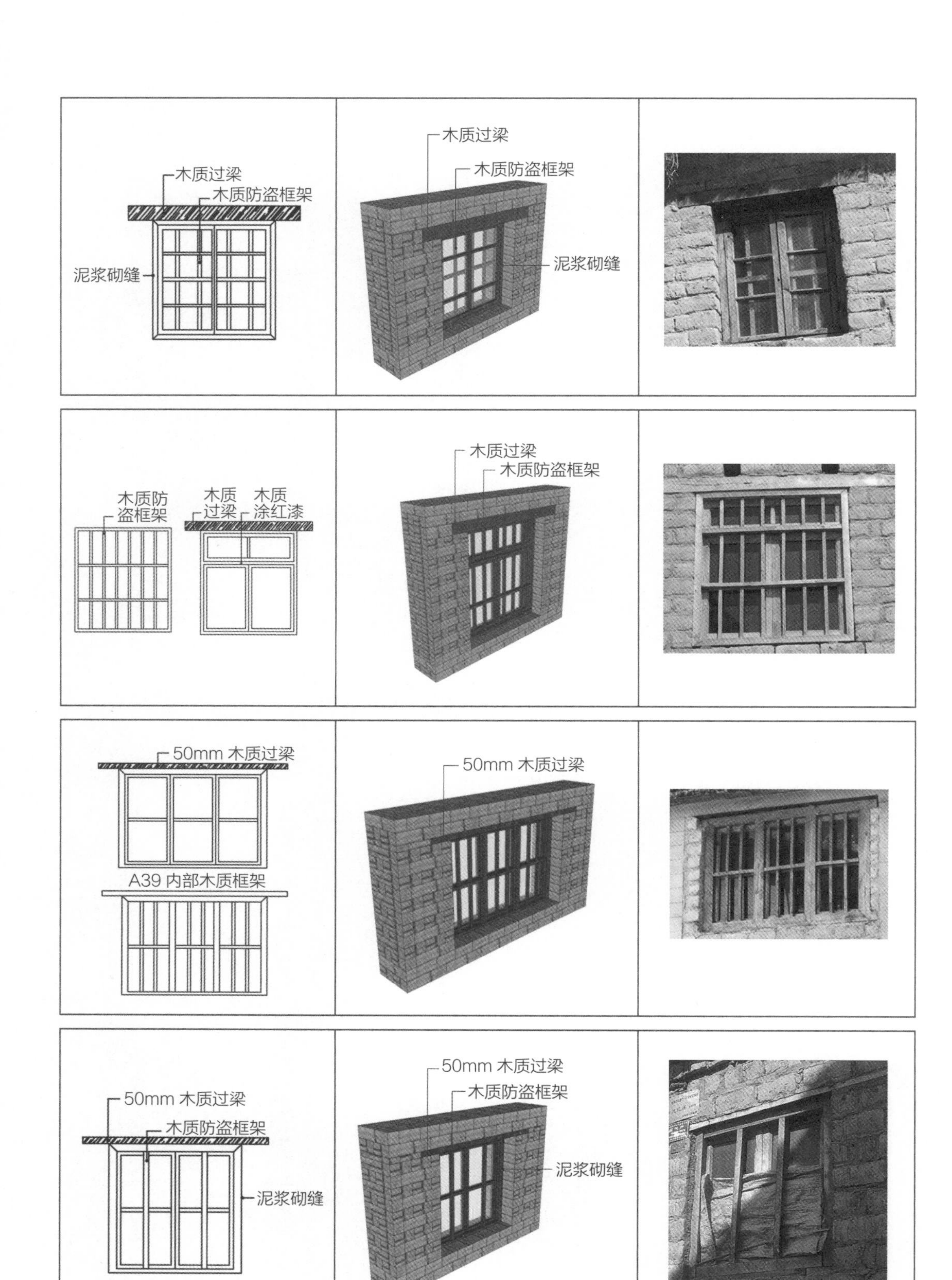
木质过梁
木质防盗框架
泥浆砌缝
木质过梁
木质防盗框架
泥浆砌缝
木质防盗框架
木质过梁
木质涂红漆
木质过梁
木质防盗框架
50mm 木质过梁
A39 内部木质框架
50mm 木质过梁
50mm 木质过梁
木质防盗框架
泥浆砌缝
50mm 木质过梁
木质防盗框架
泥浆砌缝

其他窗的形式 1

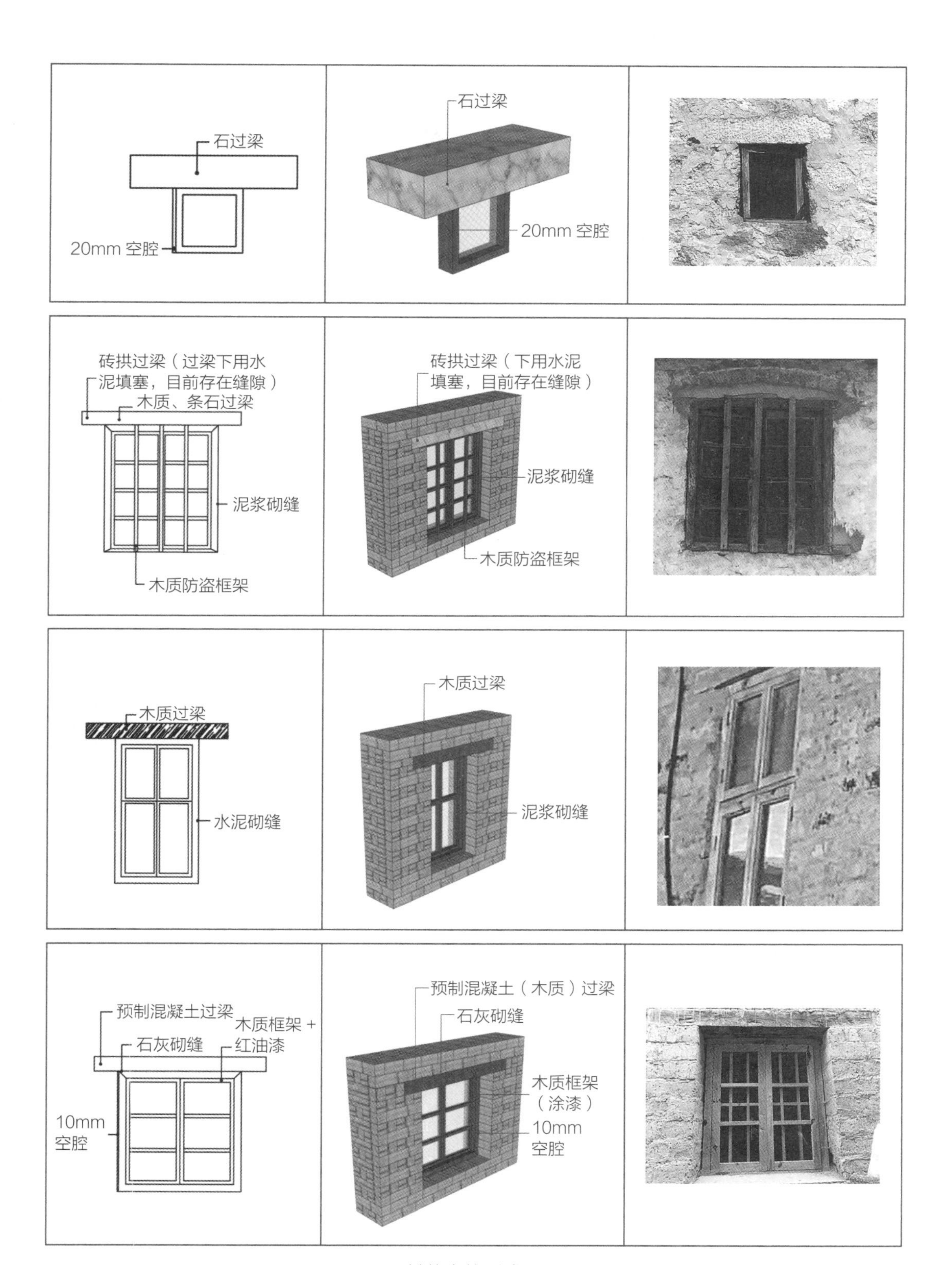
石过梁
20mm 空腔
石过梁
20mm 空腔
砖拱过梁（过梁下用水泥填塞，目前存在缝隙）
木质、条石过梁
泥浆砌缝
木质防盗框架
砖拱过梁（下用水泥填塞，目前存在缝隙）
泥浆砌缝
木质防盗框架
木质过梁
水泥砌缝
木质过梁
泥浆砌缝
预制混凝土过梁
木质框架 + 红油漆
石灰砌缝
10mm 空腔
预制混凝土（木质）过梁
石灰砌缝
木质框架（涂漆）
10mm 空腔

其他窗的形式 2

木质防盗框架
木质过梁
木质框架
（涂漆）
木质过梁
木质防盗框架
木质框架
（涂漆）
木质过梁
木质防盗框架
泥浆砌缝
木质过梁
木质防盗框架
泥浆砌缝
木质过梁
木质框架
木质过梁
木质防盗框架
石片
砌缝
10mm
空腔
木质框架
木质防盗框架
石片砌缝
（10mm
空腔）

其他窗的形式 3

4.3.2 现状门窗体系缺陷

民居门窗目前主要存在三个问题：

1. 民居主要功能房间的窗地比、各朝向遮阳系数和部分房间的有效通风面积不满足标准要求，且室内采光不足。

2. 门窗的密闭性存在问题，包括门窗本身的密闭性和门窗框架与墙体交接处的密闭性。

3. 外窗所用材料的热工性能不满足要求。

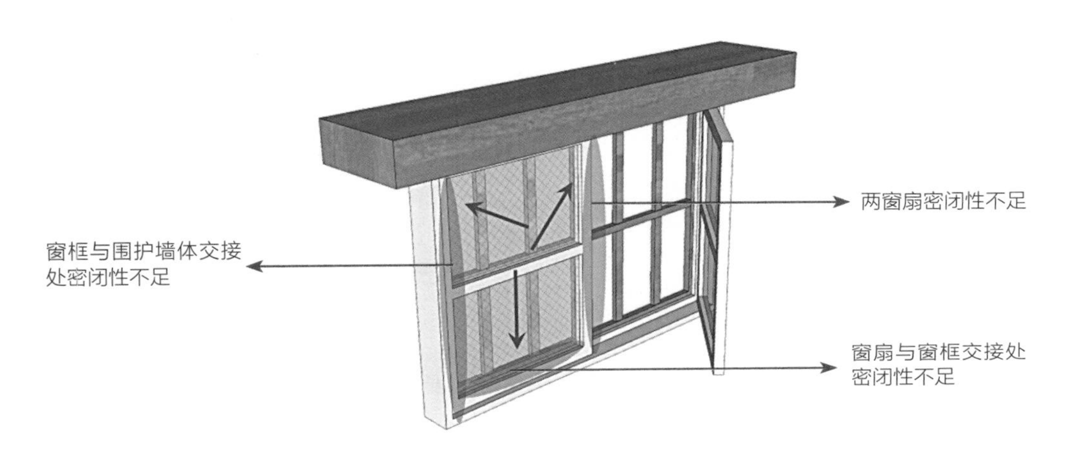

4.3.3 门窗体系提升

现状门窗材质多为木材，这种材料的传热系数为2.4W/（m^2·K），较低，但是现状所用玻璃传热系数较高，这就导致外窗的平均传热系数大于标准值4W/（m^2·K），下面则是提供部分窗框和玻璃的可选材料。

窗框可选材料表

窗框材料	传热系数［W/（m^2·K）］	耐久性	舒适度	价格
木窗框［方木35mm×85mm（4m）］	2.4	易腐蚀（需做防虫防腐处理）	较好	120元/根
木纹断桥铝合金	3.7	不易变形	较好	500元/m^2
木纹PVC塑钢窗	1.9	易变性	很好	180元/m^2

玻璃可选材料表

玻璃种类	传热系数［W/（m^2·K）］	舒适度	价格
双玻单Low-E（6mmLow-E+9A+6）	2.0	很好	200元/m^2
6mmLow-E玻璃	3.4	较好	150元/m^2
普通中空玻璃（6+12A+6）	2.7	较好	105元/m^2

选择好合适的窗框和玻璃材料后，则需要对外窗自身的密闭性和外窗与围护结构交接处的密闭性问题进行处理。以民居中对内的平开窗为例，标注的位置如玻璃与窗框交接位置，两个窗扇的交接处，窗扇和窗框的交接处等都需要做相应的密闭处理。

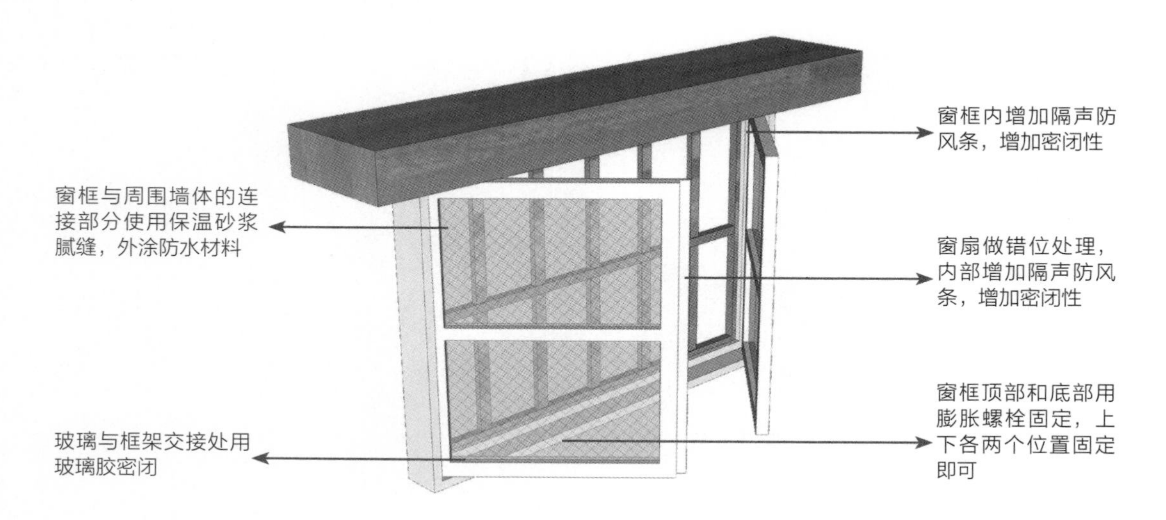

民居外窗的密闭处理

第 5 章　本土材料应用

5.1　材料循环再生

黏土砖：黏土砖作为传统建筑材料，在旧建筑拆除后作为墙体的一部分废弃物产生了大量废黏土砖，经过研究发现可以将废砖破碎成粉加入建筑砂浆中，降低建筑砂浆的生产成本，节约天然砂资源，而且可以减少废黏土砖排放对环境的污染，以及对土地占用的负面影响。

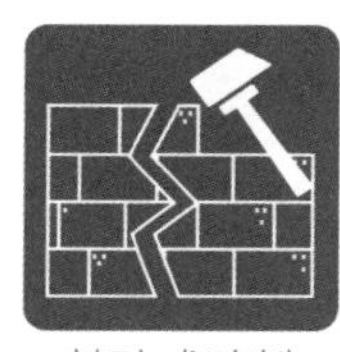

加入砂浆

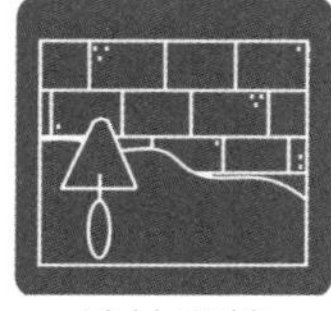

竹子：竹子是许多民族用于建筑建造的材料之一,一般是整根用来做承重结构柱或是编织成围护结构。建造过程中产生的废弃物，如竹枝丫、竹屑可作为肥料给下一轮竹子生长提供养分，形成低排放、低污染的循环，使材料能够被再次利用。

木头：木材的生长过程有利于人类生存环境，是一种可再生的生物资源。木质材料高强、美观、加工容易、加工耗能小，因此许多用于民居建设的木材可在拆除收集后被再次利用。

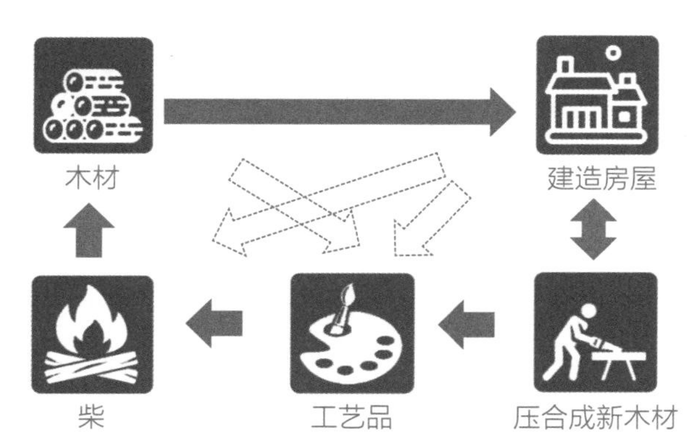

5.2 建材就地取用

传统民居受到经济和交通等条件制约，普遍采用当地能够获得并易于加工的自然材料。其中木材、泥土、石材是中国传统民居中应用范围最广的三种材料。受地理环境影响，不同地区三种材料的种类和数量是不同的，比如蘑菇房中屋顶的茅草，围护墙体中运用的土坯砖，以及柱子和构架采用的木材，有的建筑屋顶构架中还采用了竹材。

木与竹

土

石头

茅草与农作物秸秆

■ 茅草

哈尼族蘑菇房屋顶所采用的材料为茅草顶茅草民居拥有 5000 多年的历史，从在自然中生活开始，人类就用茅草来制作屋顶。茅草材料加上蘑菇顶独特的形式创造出了别具特色的元阳哈尼族传统民居。

■ 木材

哈尼木材在传统民居中被大量运用，主要来自于本土的对树木的开采，通过各种传统器具的加工制成房屋不同的部位，如房子顶部的支撑屋顶用的檩条和构架，用于分割室内空间的木板以及支撑楼板的木柱，木材作为建构建筑中的一种重要材料，通过不同的加工方式，被用于不同部位。

■ 竹材

竹子被用于茅草顶的构架体系，它主要用于檩条上方铺设的用竹竿做成的椽子和椽子上用竹片制作铺设的挂草条。

■ 土坯砖与黏土砖

哈尼族传统民居的外围护结构一般采用压制的土坯砖，材料多为本地的草与土混合倒入模具压成。在建筑的墙体部分，土坯砖墙作为蓄热体，对改善室内环境的热工性能有很大的优势。而内墙则部分采用黏土砖，黏土砖就地取材，价格便宜，经久耐用，还有防火、隔热、隔声、吸潮等优点。

■ 石材

石材主要用于建筑的围护结构或基础部分，因为石材具有质地坚硬、比较稳固、耐潮等优点，被广泛用于各种民居之中。

第 6 章　综合节能体系

6.1　高效能源综合利用

6.1.1　可选能源分析

可再生能源是指在自然界中可以不断再生并有规律地得到补充或重复利用的能源，如太阳能、生物质能、水能、风能、地热能等，具有污染低、可持续利用和保护生态环境的特点。

依据当地环境的综合情况，哈尼族村落中选取的可再生能源主要为太阳能、生物质能以及水能，这些能源为村落提供必要的电力，减少碳排放量并节约了资源。

太阳能

生物质能

水能

6.1.2　能源综合利用策略和路径

太阳能：全年可利用太阳能进行热水或发电，但由于风貌保护，太阳能板需要进行隐藏设计，例如分散隐藏在屋顶或布置于村庄外围等。

水能：村寨中的水系较为丰富，有良好的利用条件，可以在合适的位置使用小型水力发动机，为村内公共活动场所提供能源。

生物质能：村寨中牲畜较多，其排泄物经过发酵，可以提供沼气等能源，供照明或者燃烧。

6.2 被动式通风与空气质量改善

6.2.1 可行性分析

哈尼族所在地区，以元阳地区为例：全年具备良好的通风条件，且同一方向的风频较高，因此对民居外窗进行合理的布置和开启，即可实现室内被动式通风与空气质量改善。

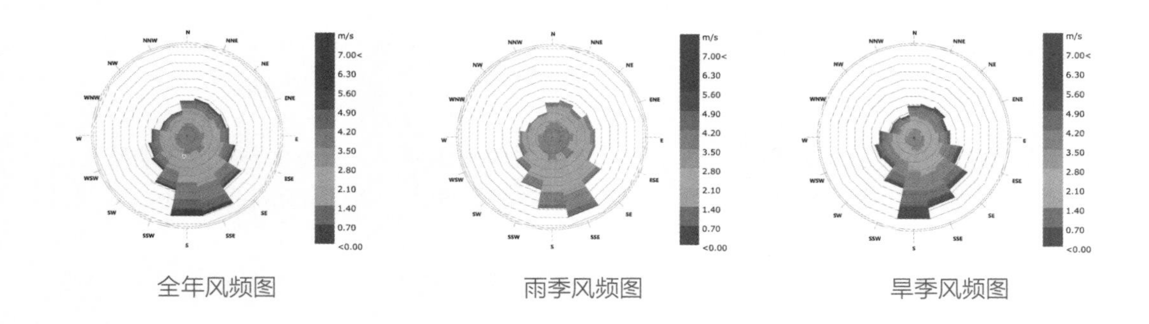

全年风频图　　雨季风频图　　旱季风频图

6.2.2 建筑内部自然通风策略

建筑南向开窗形成进风口，在内部进行合理的风流线引导，北向或东西向开出风口，从而在平面上实现自然通风与空气改善。

民居屋顶与墙体交接处存在较多通风孔，形成良好的热压通风效果，可以通过设计，使其变为可开闭的形式，既保留通风效果，又防止冷风渗透。

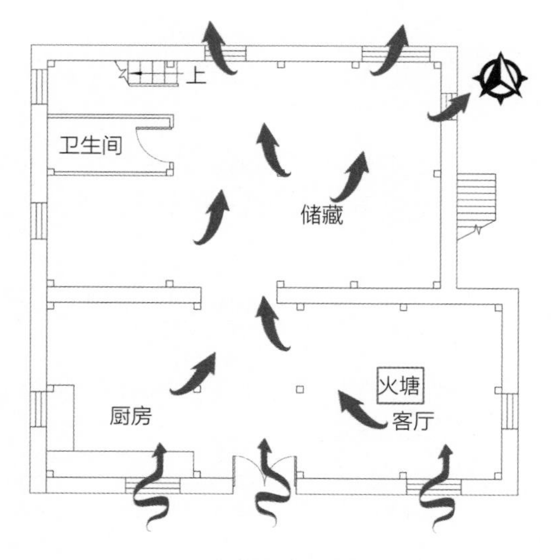

南北开窗通风

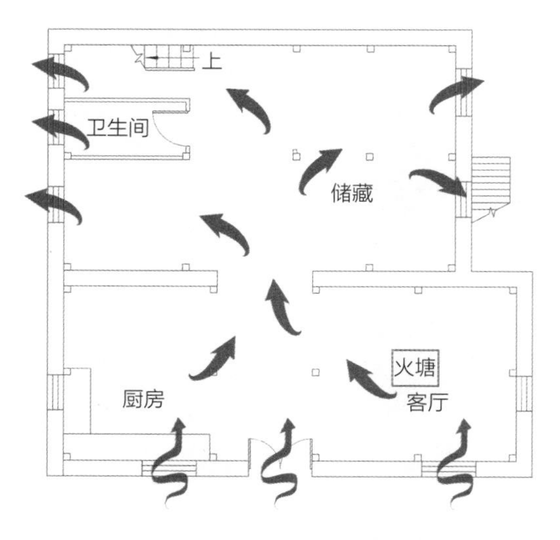

南向和东西向开窗通风

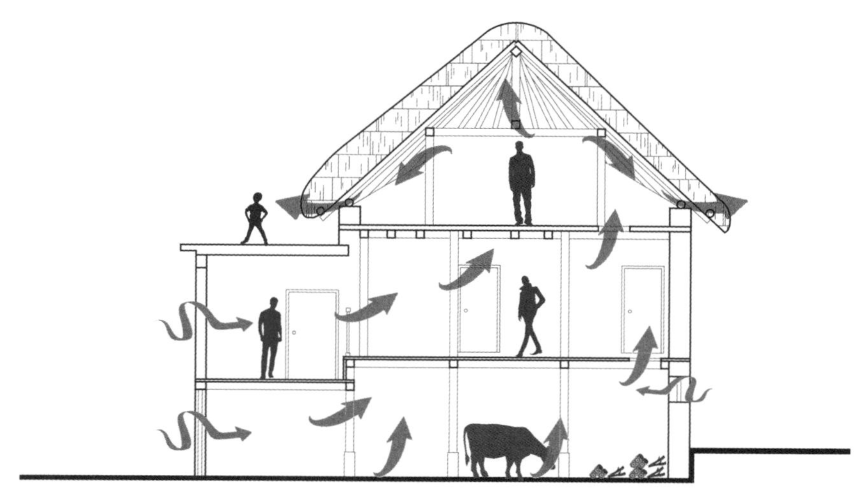

民居利用热压通风示意图

6.3 保温隔热防潮一体化增强

需要进行保温隔热防潮一体化增强的部位有建筑的石砌外墙和混凝土平屋顶，可通过更新其构造的做法来实现这一目标。

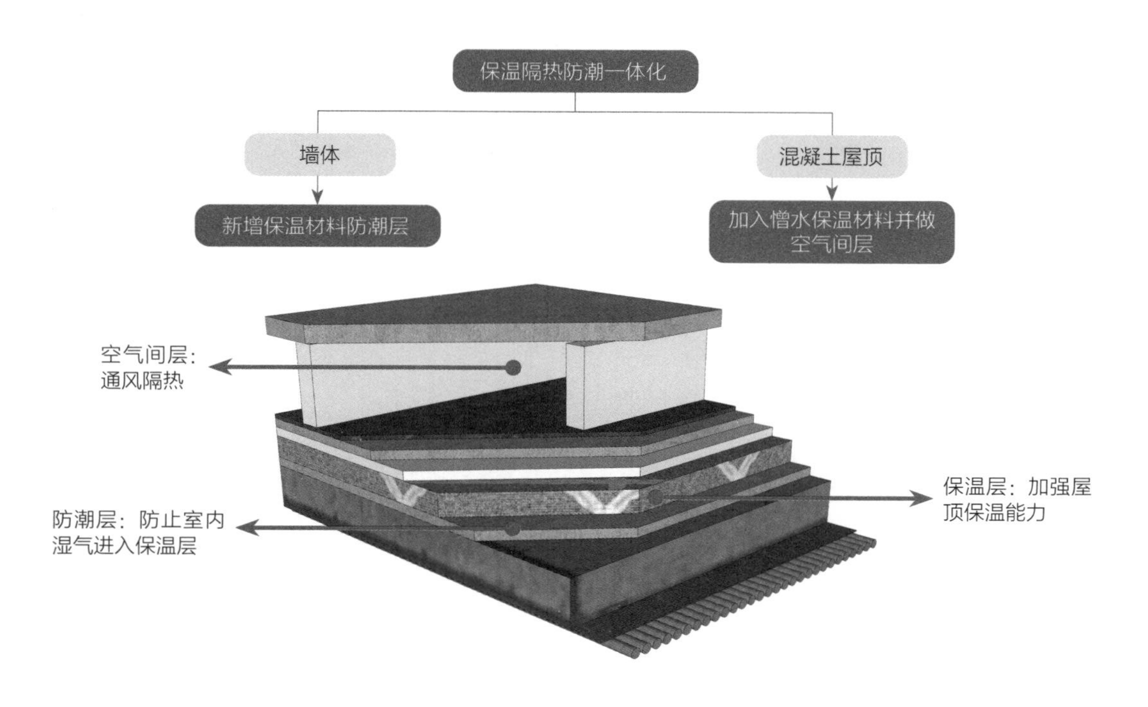

6.4 室内炊事采暖设施优化建造

目前，哈尼族传统民居使用木材进行采暖炊事，存在很多缺陷，对其进行优化，可通过将木材进行碳化，增加使用效率，或使用新能源对木材进行替代。

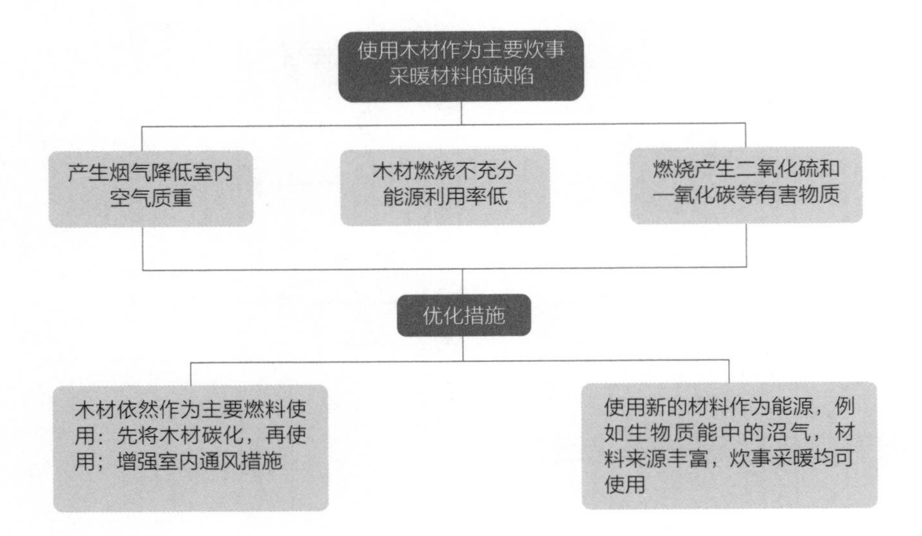

6.5 生活污水、厨余垃圾绿色处理

对生活污水和厨余垃圾进行分类处理、绿色处理、合理利用。

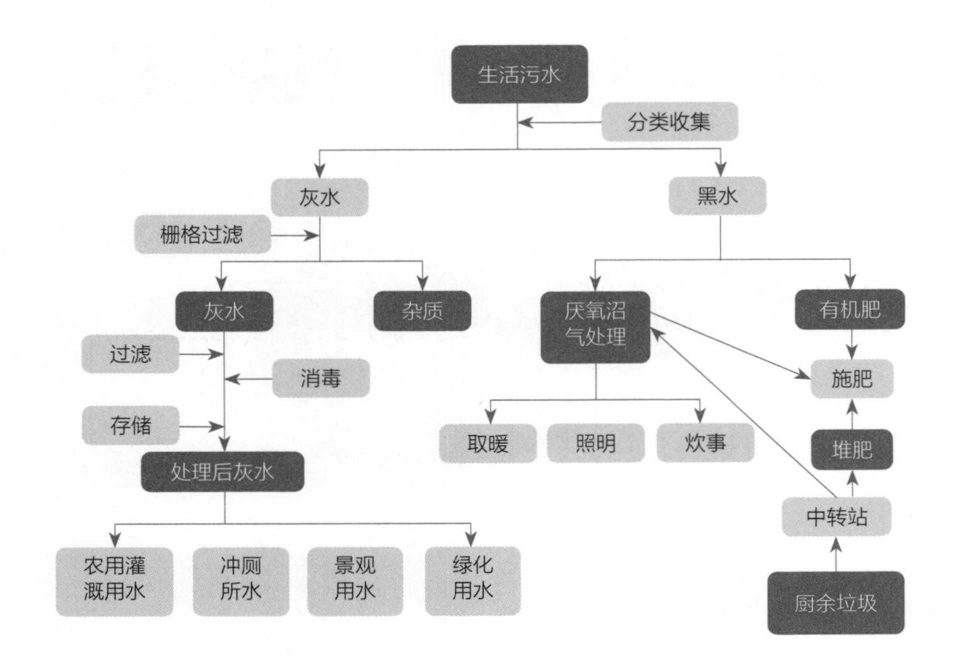